Tous nos ouvrages sont disponibles aux

Éditions Decoopman
Ferrières
30440 Saint-Laurent-le-Minier
Tel : +33 (0)4.67.73.90.95
web : www.decoopman.com
e.mail : livres@decoopman.com

Olivier Lacaux
Jean Castanier

I.S.B.N. 978-2-36965-184-0
Dépôt légal : 2e trimestre 2024

Ouvrages parus
aux Éditions **Decoopman**
Collection « ***Sciences & Techniques*** »

Auto / Moto

- *Anatomie de l'automobile* - F. Carlès
- *Embrayages & Feins* - R. Champly
- *Motocyclettes et side-cars* - M. Zerolo

Chemins de fer

- *La locomotive* - U. Lamalle & F. Legein
- *La machine locomotive* – E. Sauvage
- *Les chemins de fer* – A. Guillemin
- *Locomotive & Chemin de Fer* – L. Figuier

Électricité

- *Des électromoteurs* - T. du Moncel
- *La machine de Gramme* - A. Breguet
- *La bobine Ruhmkorff* - A. Loiseau

Horlogerie

- *Gnomonique* - G. Bigourdan
- *Comptage du Temps* - R. Baierlein
- *Manuel d'horlogerie* - P. Foucher
- *L'horloger à l'établi* - Schulz et Kames
- *Échappements d'horloges* - Ch. Gros
- *Encliquetages* - F. Balavoine
- *Échappements à ancre* - École de Cluses
- *Guide-manuel de l'Horloger* - C. Saunier
- *Histoire de l'Horlogerie* - P. Dubois
- *L'Horloger sonneries* - C. Poncet
- *L'Horloger* - C. Poncet
- *L'art de connaître les montres* - J. Gondy
- *L'art de l'Horlogerie enseigné en trente leçons* - Anonyme
- *Les merveilles de l'Horlogerie* - Graffigny
- *L'horlogerie électrique* - G. Tobler
- *Traité d'horlogerie moderne* - C. Saunier

Hydraulique

- *Traité d'hydraulique* - N. Boquillon
- *Machines destinées à l'élévation des eaux* - A. Morin

Marine

- *La Marine française* - F. Roux
- *Des bateaux aux couleurs de la Gironde* - F. Jouison
- *Abécédaire des forces sous-marines* - P. Nôtre & J. L. Vichot
- *La Marine de guerre* – L. Huard
- *La Marine de guerre – A. Sauvaire-Jourdan*
- *La navigation sous-marine* – G.L. Pesce
- *Les bateaux automobiles à pétrole* - R. Champly
- *Les paquebots à grande vitesse – M. Dumoulin*
- *Les Torpilles* – E. Hennebert
- *Sous-marins & submersibles - Max Laubeuf*
- *L'Artillerie moderne (Le monde industriel)* – L. Huard

Mécanique

- *507 Mouvements mécaniques* – H. Brown
- *760 mouvements mécaniques* - G. Vander Haeghen
- *Appareils d'obturation* - J. Gary et A. Druot
- *Des mécanismes élémentaires* - L.E. Loche
- *Engrenages & Transmissions* – G. Franche
- *Engrenages et vis sans fin* - R. Champly
- *Les Machines* – E. Collignon

Ouvrages parus
aux Éditions Decoopman
Collection « *Sciences & Techniques* »

Mécanique (suite)

- *Les mouvements mécaniques* - M. Nicaise
- *Mécanismes des machines* - H. Leblanc
- *Notions de technologie mécanique* - P. Beauvais
- *Organes de transmission* - R. Champly
- *Organes de machines* - J. Gary et A. Druot
- *Organes auxiliaires des machines* - R. Champly
- *Traité de mécanique industrielle* - S. Flachat
- *Traité pratique des engrenages* - L. Wève
- *Transmission du mouvement* - J. Gary et A. Druot

Métiers

- *Comment on devient forgeron* - R. Champly
- *Forges et fonderies* - G. Franche
- *La serrurerie* - H. Havard
- *Manuel du luthier* - Maugin & Maigne
- *Histoire de l'imprimerie* - P. Lacroix
- *L'art du luthier* - A. Tolbecque
- *Accordeur de pianos* - G. Huberson

Moteurs

- *Le moteur Diesel d'automobile* - H. Petit
- *Notions sur les moteurs à explosion* - L. Lacoin
- *Le moteur deux temps* - L. Ventou-Duclaux
- *Moteurs d'aviation* - C. Martinot-Lagarde
- *Le moteur sans soupape Knight* - A. Contet
- *Les Moteurs* – H. de Graffigny
- *Les moteurs à vent* - R. Champly
- *Moteurs* - Max de Nansouty
- *Moteurs & Gazogènes* – L. Letombe

Moteurs Stirling

- *D'Asap à Rhombic 160* - D. Lyonnet
- *Fabriquer des moteurs Stirling* - A. Ross
- *Petits moteurs Stirling pour l'amateur* – D. Lyonnet

Vapeur

- *Le Clos Serpollet* - P. Dubarry de Lassalle
- *Catéchisme des Chauffeurs* - Collectif
- *Distribution de la vapeur* - M. Castelnau
- *Distribution de la vapeur* - A. Spineux
- *Gouvernails à vapeur FARCOT* – J. Farcot
- *Histoire de la machine à vapeur* – R.H. Thurston
- *L'A.B.C. du Chauffeur* – H. Mathieu
- *Les bateaux à vapeur* – L. Figuier
- *Les Locomobiles* – L. Figuier
- *Les machines à vapeur* - J.P. Delaby
- *La machine à vapeur* – E. Sauvage
- *La Vapeur – A. Guillemin*
- *Tiroirs et distributeurs de vapeur* – A. Madamet

Les moteurs à DEUX TEMPS

Moteurs à explosions destinés à l'automobile et à l'aviation

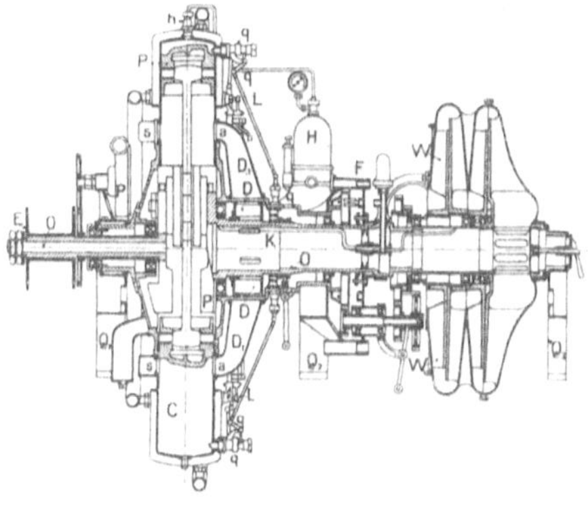

Léon VENTOU-DUCLAUX
Ingénieur du Laboratoire d'essais de l'A.C.F.

Troisième édition revue et augmentée
par

Gabriel LIENHARD
Ingénieur ancien élève de Polytechnique

1923

Chapitre I
Considérations générales

Principe du moteur à quatre temps

La fortune du moteur à explosion a été réalisée au moyen de l'emploi du cycle à quatre temps, l'énorme majorité des moteurs à explosions actuellement en service est une application du cycle à quatre temps, appelé encore du nom de son inventeur : cycle Beau de Rochas, ce cycle étant d'ailleurs réalisé d'une façon à peu près identique sur presque tous les moteurs en service.

Il ne nous paraît pas inutile, dans cet ouvrage destiné à étudier le moteur à deux temps, de rappeler le fonctionnement du moteur à quatre temps ; il nous sera plus facile par la suite de saisir les différences fondamentales qui séparent les deux types de moteurs.

Premier temps. — Supposons que la culasse du moteur soit vide de gaz, le piston étant au point mort haut ou plus exactement supposons que l'on soit à la fin du temps d'échappement, c'est-à-dire qu'entre la face supérieure du piston et les parois de la culasse, tous les orifices d'aspiration et d'évacuation étant fermés, ne restent plus que les gaz brûlés : le piston descendant et l'orifice d'aspiration se trouvant ouvert, les gaz frais par suite de la dépression qui tend à s'établir dans le cylindre viennent le remplir ou plus exactement viennent se mélanger aux gaz brûlés qui s'y trouvent déjà jusqu'à ce que le piston arrive au point mort bas (fig. 1).

Deuxième temps. — Le moteur continuant à tourner, le piston remonte en même temps que la soupape d'aspiration se ferme ; tous les orifices de communication du cylindre avec l'extérieur se trouvant

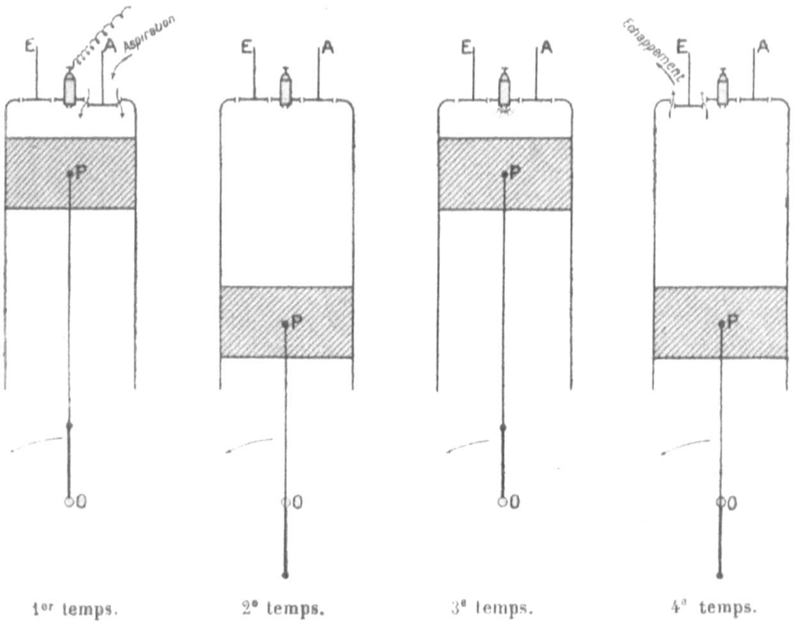

Fig. 1.

1er temps. – La soupape d'aspiration vient de s'ouvrir, le piston descend, les gaz frais entrent dans le cylindre.

2e temps. – Le piston est arrivé en bas de sa course descendante, le cylindre est rempli de gaz frais, la soupape d'aspiration se ferme.

3e temps. – Le piston est remonté jusqu'au point mort haut en comprimant les gaz frais ; à ce moment l'étincelle éclate, allume le mélange qui, par la pression qu'il acquiert, pousse le piston pendant le temps moteur.

4e temps. – Le piston est arrivé en bas de sa course, les gaz en se détendant ont terminé leur travail, la soupape d'échappement s'ouvre et le piston en remontant évacue à l'extérieur les gaz brûlés.

fermés, le mélange gazeux se trouve comprimé jusqu'au moment où le piston arrive au point mort haut ; à ce moment l'étincelle d'allumage éclate, enflamme le mélange et le piston reçoit la pression d'explosion qui prend alors naissance et qui commence à effectuer le travail moteur.

Troisième temps. — Le piston descend, poussé qu'il est par la pression d'explosion qui naturellement diminue pendant tout le troisième temps, c'est-à-dire jusqu'à ce que le piston arrive au point mort bas ; c'est le troisième temps, temps actif ou moteur pendant lequel les gaz se détendent en effectuant le travail moteur.

Quatrième temps. — Le piston arrivé au point mort bas commence à remonter, à ce moment l'intérieur du cylindre est mis en communication avec l'atmosphère, par suite de l'ouverture de la soupape d'échappement, les gaz brûlés par suite de leur pression propre se précipitent à l'extérieur pendant tout le temps que le piston remonte du point mort bas au point mort haut ; à ce moment, la soupape d'échappement se ferme et les mêmes phénomènes se renouvellent.

Représentation graphique

On peut représenter graphiquement les phénomènes que l'on vient d'exposer ; en abscisses on porte les déplacements du piston, en ordonnées par la pression régnant sur la face supérieure du piston.

Premier temps — Le point figuratif de l'état du système décrira l'horizontale AB ; A étant le point situé à l'intersection de la verticale v_1 représentant le volume contenu dans le cylindre, le piston étant au point mort haut et p_1 étant la droite horizontale (parallèle à l'axe *ov*) des abscisses représentant la pression atmosphérique. En effet, pendant tout le temps que le piston descend, puisque le cylindre est en communication avec l'air ambiant (par l'intermédiaire de la tuyauterie d'aspiration et du carburateur), la pression qui y règne est évidemment la pression atmosphérique et ce, pendant tout le temps que le piston descend, c'est-à-dire pendant que le volume passe de v_1 à v_2 ; v_1 volume du cylindre, le piston au point mort haut ; v_2 volume du cylindre pendant que le piston est au point mort bas.

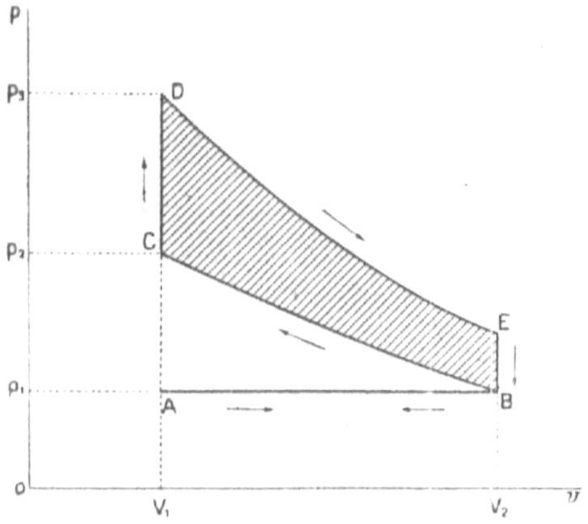

Fig. 2.
ov = axe représentatif des volumes.
op = axe représentatif des pressions.

Deuxième temps. — Nous avons vu que en B, c'est-à-dire lorsque le piston est arrivé au point mort bas, la soupape d'aspiration se ferme ; le piston remonte alors en comprimant devant lui les gaz qui sont astreints à rester dans l'espace compris entre la face supérieure du piston et les parois du cylindre ; la pression monte évidemment jusqu'en p_2 qui est la pression réelle de compression au moment où le piston arrive de nouveau au point mort haut.

Remarque. — On appelle souvent rapport de compression, ou compression froide, le rapport entre v_1 : volume de la chambre d'explosion, c'est-à-dire le volume compris entre la face supérieure du piston et le cylindre lorsque le piston est au point mort haut, et le volume v_2 : volume compris entre le cylindre et le piston lorsque celui-ci est au point mort bas ; c'est-à-dire le rapport

$$\rho = v_2 / v_1$$

étant évident qu'entre v_2 et v_1 on a la relation

$$v_2 - v_1 = \pi/4\, d^2 l$$

d étant l'alésage du cylindre et *l* la course.

Mais la pression qui s'établit en C : *p2* n'est pas du tout comme on pourrait le croire si on appliquait la loi de Mariotte :

$$p_2 = \rho = v_2 / v_1$$

c'est une pression

$$P2 = \rho^\gamma$$

γ étant un nombre fonction des chaleurs spécifiques de l'air carburé à pression constante et à volume constant. Si l'on avait affaire à un moteur théorique où aucune transmission de chaleur ne se produirait sur les parois, la courbe BC serait une courbe que les physiciens appellent une adiabatique et il serait facile de calculer p_2 ; mais il y a transmission de chaleur par les parois et BC est une courbe que seule l'expérience permet de déterminer.

Troisième temps. — En C, l'explosion se produit et le piston n'ayant pas le temps de se déplacer pendant le temps de l'explosion qui est pratiquement instantané, nous verrons plus loin les correctifs à apporter à cette façon de raisonner, la pression monte instantanément de p_2 à p_3 pendant que le point figuratif se déplace de C en D, puis le piston continuant à descendre le point figuratif décrit la courbe DE. La courbe DE est une courbe analogue à la courbe BC, puisque les gaz évoluent en vase clos, mais au lieu d'être décrite dans le sens BC, elle est décrite dans le sens DE.

Quatrième temps. — En E, le piston est au point mort bas, la soupape d'échappement s'ouvre et avant que le piston ait eu le temps de remonter, la pression tombe brusquement à la valeur de la pression atmosphérique, c'est d'ailleurs l'origine du bruit de l'échappement, et le point figuratif décrit la portion de courbe EB ; le piston continue son mouvement de remontée et la communication étant établie avec l'air ambiant la pression pendant tout le temps de l'échappement est la pression atmosphérique et le point figuratif décrit la portion de droite horizontale.

On démontre que le travail moteur pendant un cycle est proportionnel à l'aire BCDE (en supposant le rendement mécanique égal à l'unité).

Considérations pratiques

Dans tout ce qui précède, nous avons considéré les phénomènes en leur supposant une simplicité qu'ils sont assez loin d'avoir dans la réalité.

Tout d'abord, remarquons que les soupapes d'admission et d'échappement ne s'ouvrent et ne se ferment pas exactement aux points morts haut et bas ; il a été reconnu que les soupapes devaient s'ouvrir ou se fermer soit avant, soit après.

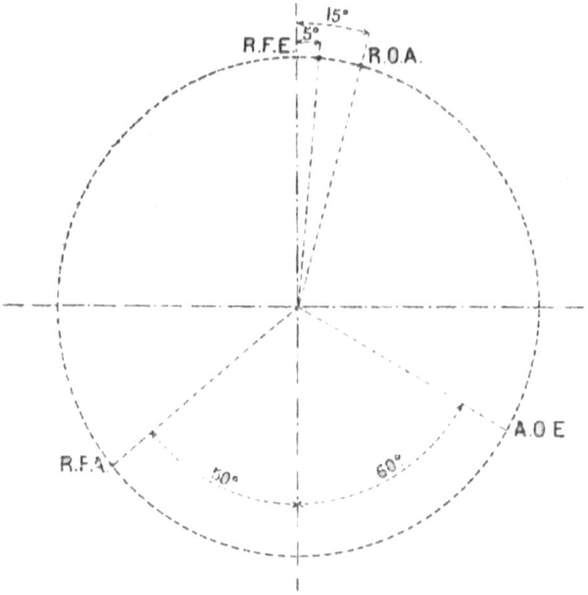

Fig. 3.

5° R. F. E. = 5° Retard fermeture échappement.
15° R. O. A. = 15° Retard ouverture aspiration.
60° A. O. E. = 60° Avance ouverture échappement.
50° R. F. A. = 50° Retard fermeture aspiration.

La raison en est que la masse gazeuse mise en mouvement et qui doit remplir le cylindre ou en sortir a une certaine inertie, et l'on est obligé de modifier très sensiblement les points de fermeture et d'ouverture des soupapes par rapport à leur position théorique. Les nombreux essais aux bancs accumulés dans les différents pays depuis des dizaines d'années ont conduit à donner des règles empiriques bien connues des constructeurs de moteurs à explosion. Nous donnons un exemple de réglage (fig. 3) d'un moteur normal d'automobiles à quatre cylindres, à quatre temps de 70 d'alésage pour 130 de course et utilisable normalement à 2.800 tours.

La soupape d'aspiration au lieu de s'ouvrir au point mort haut s'ouvre à 15° après le point mort haut, c'est-à-dire quand le piston a déjà parcouru un chemin correspondant à 13° de rotation du maneton du vilebrequin et cette soupape d'aspiration ne se ferme après le point mort bas que lorsque le piston est remonté d'un chemin correspondant à 50° de rotation du maneton du vilebrequin, c'est-à-dire lorsque la course de compression est déjà commencée ; puis les phénomènes de compression, d'explosion se passent comme il a été indiqué ; remarquons également que l'allumage, c'est-à-dire le moment où l'étincelle éclate entre les points de la bougie, est en avance de 30° environ sur le moment où le piston arrive au point mort haut, c'est l'avance à l'allumage bien connue; avance qui est nécessaire pour que l'onde explosive qui part de la bougie ait le temps nécessaire pour se propager dans la chambre d'explosion et rencontrer la face supérieure du piston au moment où celui-ci commence à descendre.

La soupape d'échappement, s'ouvre à 60° avant le point mort bas, c'est-à-dire pendant la course de détente, reste ouverte pendant tout le temps d'échappement et se ferme 5° après le point mort haut.

Le diagramme réel

Examinons l'évolution du mélange gazeux avec un réglage tel que celui que nous avons indiqué. En *a*, lorsque le piston se déplace de façon que la course d'aspiration commence, la soupape d'échappement étant tout d'abord ouverte, il est raisonnable d'admettre que la pression qui règne à l'intérieur du cylindre est la pression atmosphérique ; la soupape d'échappement se ferme presque de suite et la soupape d'aspiration ne s'ouvre pas encore ; le vide commence à se produire dans le cylindre jusque vers *a'* ; à ce moment la soupape d'aspiration s'ouvre et met en communication le cylindre avec l'atmosphère par l'intermédiaire du carburateur, mais par suite des résistances de la tuyauterie et de la vitesse que le mélange gazeux acquiert, la pression qui s'établit dans le cylindre n'est pas la pression atmosphérique, elle lui est inférieure et l'on a la portion représentative de la courbe à *a'b ; ab* est donc la courbe totale représenta-

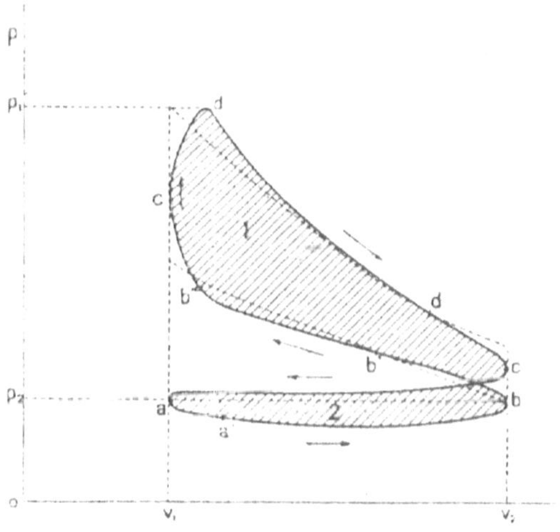

Fig. 4.
ov = axe représentatif des volumes.
op = axe représentatif des pressions.

tive de l'aspiration ; puis la courbe de compression commence : malgré que la soupape d'aspiration soit encore ouverte, les gaz frais par suite de leur inertie continuent à remplir le cylindre et la pression monte dans le cylindre jusqu'au moment où la soupape d'aspiration se ferme, vers *b'*; à ce m ornent tous les orifices de communication du cylindre avec l'air ambiant sont fermés et la compression des gaz contenus dans le cylindre s'effectue normalement jusqu'en *b''* ; à ce moment l'étincelle éclate et la pression s'élève rapidement dans le cylindre jusqu'en *c* correspondant au point mort haut ; le piston descend et la pression continue à s'élever jusqu'en *d* très peu de temps après le point mort haut ; il y a intérêt à régler l'avance à l'allumage de façon que le maximum de pression d'explosion ait lieu très peu après le point mort haut, trop longtemps après il ne permettrait plus d'utiliser convenablement celle-ci, *d* doit être en effet le plus près possible de la verticale de v_1 ; si d'autre part il. y avait trop d'avance à l'allumage le moteur cognerait et fonctionnerait dans de déplorables conditions.

La détente s'effectuant ensuite à partir de *d* dans le sens de la flèche, la pression baisse naturellement jusqu'en *d'*où la soupape d'échappement s'ouvre ; la pression tend naturellement à égaler la pression atmosphérique, elle tombe rapidement jusqu'en e correspondant au point mort bas mais elle n'atteint jamais pendant toute la course d'échappement représentée de *e* à *a* la pression atmosphérique, il y a toujours ce que l'on appelle la contre-pression d'échappement, c'est-à-dire que la pression des gaz dans le cylindre est supérieure à la pression atmosphérique et ce jusqu'au point mort haut ; les phénomènes recommencent alors dans l'ordre que nous avons indiqué.

Le rendement total du cycle n'est plus alors mesuré par l'aire totale du diagramme, mais par la différence entre les deux aires 1 et 2 ; on voit ainsi que le rendement pratique est notablement inférieur au rendement théorique ; la principale raison en est, nous l'avons dit, que les fluides gazeux qui évoluent ne sont pas des gaz parfaits mais bien des gaz réels qui ont une inertie par suite de leur masse et auxquels on ne peut appliquer les lois des gaz parfaits qu'avec une certaine approximation.

Influence de la compression

On peut se demander l'intérêt qu'il y a à préalablement comprimer dans le cylindre des gaz carburés avant de les allumer et ne pas purement et simplement allumer ces gaz quand ils remplissent à moitié le cylindre. Nous ne pouvons, cela sortirait du cadre de cette étude, démontrer la nécessité qu'il y a, pour obtenir un rendement intéressant, de préalablement comprimer les gaz dans le cylindre. Qu'il nous suffise de faire remarquer qu'il est facile, en étudiant Faire du diagramme des figures précédentes, de remarquer que sa surface augmente quand la compression augmente. Cette nécessité de la compression a été parfaitement mise en évidence par l'inventeur du cycle à quatre temps, Beau de Rochas, et également étudié d'une façon très complète par Aimé Witz.

Les conditions de travail du moteur à quatre temps étant parfaitement définies, nous allons passer maintenant à l'étude du moteur à deux temps et examiner ensuite les différences fondamentales qui caractérisent le fonctionnement des deux moteurs.

Principe du moteur à deux temps

Supposons un cylindre muni, à sa partie supérieure, d'une tubulure A pouvant être obturée au moyen d'un robinet ou d'une soupape et portant, sur le côté, une ouverture E (fig. 5). Dans ce cylindre peut se mouvoir un piston dont la course est telle que cette ouverture puisse se; trouver tantôt au-dessus, tantôt au-dessous du piston.

Dans un moteur à deux temps, les phénomènes suivants vont se succéder :

Premier temps. — Supposons que la culasse du cylindre soit remplie de mélange gazeux comprimé. Au moment où le piston est en haut de

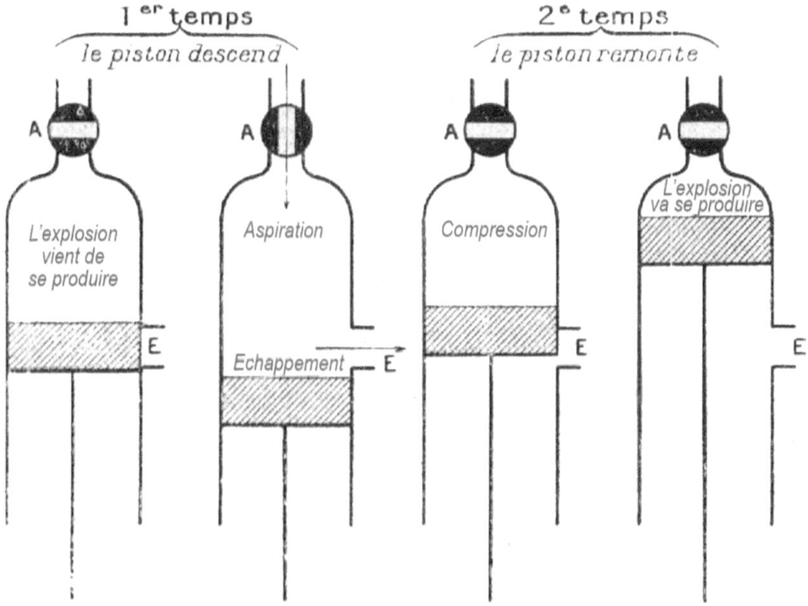

Fig. 5.

sa course, une étincelle allume la charge et le piston est lancé de haut en bas. Le piston, descendant au-dessous de l'orifice E, les gaz brûlés s'échappent. Immédiatement après l'explosion, la tubulure A (qui communique avec un récipient renfermant du mélange gazeux frais) a été ouverte, les gaz frais sont aspirés dans le cylindre à la faveur de la dépression produite par le mouvement descendant du piston. La détente brusque des gaz brûlés aide également dans une certaine mesure à provoquer cette aspiration.

Deuxième temps. — L'orifice A est fermé. Le piston remonte, passe devant l'orifice E puis comprime la nouvelle charge. Lorsqu'il est arrivé en haut de sa course, le cycle a été complètement parcouru.

Remarque. — Les deux temps étant ainsi définis, nous voyons que le nombre de temps exprime le nombre de courses de piston nécessaires à l'accomplissement du cycle. Il serait donc inexact de désigner sous le nom de moteur à deux temps un moteur à double effet fonctionnant suivant le cycle à quatre temps. Cette confusion a été faite assez souvent par les inventeurs. Il est également inexact de donner le nom de moteur à un temps à un moteur à double effet fonctionnant suivant le cycle à deux temps. Une course de piston, provoquée par une explosion, devant être nécessairement suivie d'au moins une course en sens inverse pour l'évacuation des gaz brûlés et la préparation de l'explosion suivante, le nombre de temps du cycle d'un moteur est donc au moins égal à 2.

Diagramme du moteur à deux temps

Nous allons reprendre une notation analogue à celle que nous venons précédemment d'employer pour le moteur à quatre temps.

Supposons que le piston soit au point mort bas et le cylindre rempli de gaz frais, le piston remonte en comprimant devant lui les gaz frais et ce jusqu'en B où la pression atteinte est p_2.

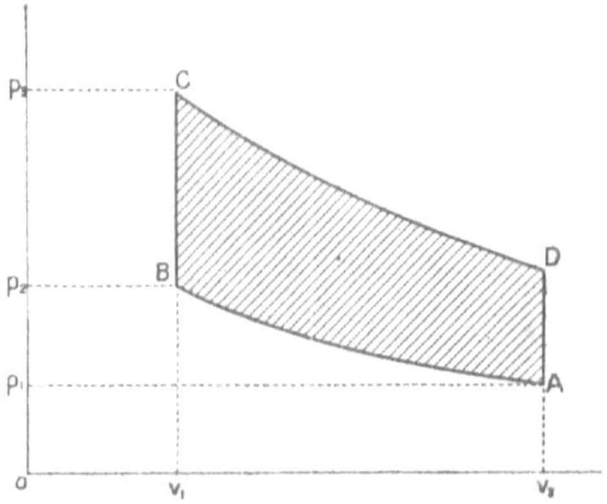

Fig. 6.

Théoriquement du moins, les phénomènes sont ici les mêmes que dans le cas du moteur à quatre temps ; la pression régnant en fin de compression est identique dans les deux cas, toutes choses égales d'ailleurs ; c'est-à-dire si l'on a affaire à un moteur de même alésage, de même course et de même vitesse de rotation. En B a lieu l'allumage ; la pression monte rapidement de p_2 : pression à fin de compression à p_3 : pression d'explosion et ce pendant que le piston est considéré comme restant immobile pendant le temps que dure cette augmentation de pression. On a donc la portion de verticale BC.

De C en D a lieu la détente qui affecte également la même forme que dans le cas du moteur à quatre temps.

De D en A a lieu l'expulsion des gaz brûlés qui s'effectue à volume constant, le piston se déplaçant insensiblement pendant cette opération, en même temps que l'admission des gaz frais s'effectue également à volume constant toujours pour la même raison.

Puis le cycle recommence comme nous l'avons examiné.

On arrive donc à cette conclusion très importante et qu'il est intéressant de retenir.

Le diagramme du moteur à deux temps est théoriquement identique au diagramme du moteur à quatre temps ; toutes choses égales d'ailleurs (course, alésage, vitesse de rotation) l'évolution du point figuratif de l'état gazeux dans le cylindre s'effectue de la même façon que pour le moteur à quatre temps, mais dans un temps deux fois moindre.

Diagramme pratique

Serrons les phénomènes d'un peu plus près et examinons, en particulier, l'influence des orifices par lesquels le mélange gazeux n'est ni évacué ni introduit instantanément. Si nous nous reportons à la figure 4, nous nous apercevons qu'en *a* le piston découvre l'orifice d'évacuation et pendant que le piston remonte il s'écoule un temps appréciable pendant lequel les gaz frais qui ont été introduits dans le cylindre peuvent être expulsés ; suivant les systèmes en usage plus ou moins de ces gaz sont évacués, mais il y en a toujours en quantité appréciable, et d'autre part la portion de courbe de *a* en *a'* correspondant à la position où le piston masque complètement l'orifice d'évacuation n'est pas la courbe de compression proprement dite puisque le cylindre est en communication avec l'air ambiant. Les phénomènes sont à ce moment quelque peu comparables à ceux qui ont lieu dans un moteur à quatre temps réglé avec un retard normal de la fermeture de la soupape d'aspiration, comme il a été indiqué précédemment.

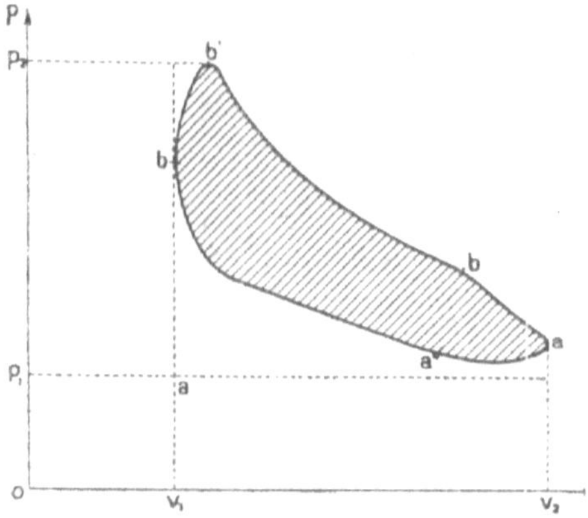

Fig. 7.

De *a* en *a'* on a donc une courbe légèrement au-dessus de la parallèle à l'axe des volumes représentant la pression atmosphérique.

De *a'* en *b* et jusqu'au point *b'*, point où l'on atteint le maximum de la pression d'explosion, les phénomènes sont exactement les mêmes que dans un moteur à quatre temps.

De *b'* en *b"*, c'est-à-dire pendant le temps que le piston parcourt la course de détente jusqu'à ce que la face supérieure découvre l'orifice d'évacuation, les phénomènes sont exactement les mêmes que pendant la course de détente d'un moteur à quatre temps, mais au moment ou en *b"* commence l'échappement, la pression tombe rapidement à une pression voisine de la pression atmosphérique, et ce jusqu'en *a* où les phénomènes recommencent.

On voit qu'essentiellement, même en tenant compte de l'influence perturbatrice que jouent les orifices, qui ont une grandeur finie, et qui influent sur le diagramme théorique, le diagramme pratique du moteur à deux temps semble se rapprocher du diagramme pratique du moteur à quatre temps. En effet, l'influence des dimensions de cet orifice est exactement la même que celle de l'avance à l'ouverture d'échappement et du retard à la fermeture d'aspiration.

Nous avons choisi (fig. 3) l'exemple d'un moteur à quatre temps possédant une avance à l'ouverture d'échappement de 60° et un retard à la fermeture d'aspiration de 60° ; il serait possible de choisir un moteur à quatre temps où l'avance à l'ouverture d'échappement et le retard à la fermeture d'aspiration seraient de 55° toutes deux, puis un moteur à deux temps où les dimensions soient telles que le piston effectue une course correspondant à 55° de rotation du vilebrequin pour masquer celte ouverture : on serait alors dans des conditions de fonctionnement comparables à celles d'un moteur à quatre temps, et l'on saisit alors l'analogie entre le fonctionnement des deux cycles.

ÉTUDE COMPARÉE DES DEUX TYPES DE MOTEUR

De l'exposé qui précède on peut tirer les conclusions suivantes :

Dans le moteur à deux temps, l'aspiration des gaz frais et l'échappement des gaz brûlés doivent être effectués dans un temps très court et cela constitue une différence fondamentale avec le moteur à quatre temps dans lequel ces deux opérations se font chacune pendant une course de piston. En conséquence :

1. - L'introduction du mélange gazeux doit nécessairement être assurée au moyen de pompes indépendantes du cylindre moteur, c'est ce qu'on exprime généralement en disant que le moteur à deux temps est un moteur à aspiration forcée ;

2. - Les orifices d'admission et d'échappement doivent être relativement plus grands que dans les moteurs à quatre temps, puisque le temps pendant lequel ils sont découverts est beaucoup plus court.

Mais cette dernière condition d'avoir des orifices plus grands montre que l'assimilation que nous avons faite entre l'avance à l'ouverture d'échappement et le retard à la fermeture d'aspiration du moteur à quatre temps, et l'ouverture de la lumière d'échappement provoquée par le déplacement du piston dans le cas du moteur à deux temps n'est pas absolument rigoureuse, l'ouverture des soupapes dans le premier cas et de la lumière dans le second cas ne sont pas de dimensions comparables et l'influence de la lumière réagit plus profondément sur le diagramme pratique que nous ne l'avons supposé pour la commodité du raisonnement.

Il est également très difficile de vider complètement le cylindre des gaz brûlés comme il est également très difficile d'éviter que des gaz frais ne viennent s'échapper par l'orifice d'évacuation ; ces gaz frais sont purement et simplement perdus ; leur évolution échappe au calcul et ne peut être représentée sur le diagramme car cette partie des gaz perdus n'est pas intéressée dans l'évolution du cycle.

Il résulte de tout ceci que le moteur à deux temps, qui devrait à dimensions égales et à vitesse de rotation égale donner d'après le calcul une puissance exactement double de celle du moteur à quatre temps correspondant, ne donne qu'une puissance 1,4 à 1,6 plus grande et avec une consommation de carburant généralement double ; la perte par les orifices étant à peu près mesurée par la différence entre 2 et 1,6 par exemple, soit 0,4 de la consommation du moteur à quatre temps envisagé.

En un mot, l'inconvénient du moteur à deux temps réside dans le fait qu'il est extrêmement difficile d'éviter cette perte de gaz carburé et par suite de combustible. C'est là le principal inconvénient du moteur à deux temps qui en a limité son développement car, comme nous le verrons plus loin, il a de nombreux avantages qui le rendent très séduisant à certains points de vue. Il est d'ailleurs raisonnable d'admettre que les efforts des chercheurs pourront arriver à faire disparaître cet inconvénient.

Ouvrons ici une parenthèse : dans le moteur à combustion, genre Diesel, cet inconvénient n'existe pas car ce que l'on envoie dans le cylindre c'est de l'air pur, et le désavantage de perdre dans l'atmosphère une certaine quantité d'air destiné à être carburé n'est pas très considérable.

Le seul inconvénient que présente la perte de cet air est de faire travailler le compresseur dont tout moteur à deux temps est muni en pure perte.

Il aurait d'ailleurs fallu pour être complet dans l'étude que nous avons faite du cycle à deux temps envisager l'étude du cycle du compresseur ; nous ne pouvons le faire dans le cadre que nous nous sommes imposé pour cet ouvrage.

Nous résumerons cette étude comparée des deux types de moteur à deux temps et à quatre temps en faisant remarquer que tous les deux sont purement et simplement des moteurs à air chaud.

Une masse d'air d'un volume égal à la cylindrée est échauffée par un apport d'énergie représenté par la chaleur de combustion de la masse de carburant que cet air permet de faire brûler complètement ; l'air ainsi échauffé se détend en produisant du travail et en se refroidissant. L'étude complète des deux types de moteur est réduite à l'analyse de ce phénomène.

Les avantages du moteur à deux temps

1. - On sait que le moteur à explosions, fonctionnant suivant le cycle à quatre temps, est presque exclusivement employé polir la propulsion des véhicules automobiles. La raison de cette exclusivité est facile à comprendre ; dès le début de l'automobilisme, les constructeurs adoptèrent le moteur à quatre temps en raison de la perfection relative que ce moteur présentait déjà. Puis, la construction automobile se développant chaque année, les divers organes des véhicules acquirent peu à peu la perfection qu'ils possèdent à l'heure actuelle.

En ce qui concerne le moteur on peut dire que rien dans ses dispositifs essentiels ne fut changé. La nécessité d'obtenir un rendement de plus en plus élevé, de diminuer constamment le poids, d'avoir une régularité cyclique de plus en plus grande conduisit, depuis une dizaine d'années déjà, à l'emploi quasi-général de moteurs à quatre temps comportant un minimum de 4 cylindres ; les salons d'après-guerre virent également une très grande floraison de 6 et de 8 cylindres, l'avantage de pareils moteurs est d'avoir un couple moteur constamment positif, ce qui est d'un très grand prix lorsqu'on s'attache à l'établissement d'une voiture de luxe silencieuse.

Les chiffres records atteints en ce qui concerne le rendement correspondent à peu près à 190 grammes au cheval-heure et à près de 50 chevaux au litre de cylindrée à une vitesse de rotation dépassant 5.000 tours ; mais il faut compter normalement sur une consommation de 230 grammes au cheval-heure et une puissance de 35 chevaux au litre de cylindrée à 4.000 tours ; tels sont les chiffres que l'on peut atteindre sur les bons moteurs d'automobiles modernes.

En ce qui concerne les moteurs d'aviation, jusqu'à présent du moins, ces chiffres n'ont pas été obtenus ; la principale raison en est que la recherche de ce que l'on pourrait appeler la légèreté spécifique intrinsèque, a exigé des sacrifices quelquefois assez importants sur la consommation en huile et en essence pour obtenir une légèreté plus grande du moteur proprement dit, abstraction faite du carburant et du lubrifiant emportés.

Quant au rendement au litre, il est également loin des chiffres précédents ; les moteurs d'aviation sont en effet des moteurs de puissance assez élevée, descendant rarement au-dessous de 100 HP et atteignant parfois 6 à 800 HP. Dans ces conditions, malgré la multiplicité du nombre des cylindres, on est obligé de faire appel pour chacun d'entre eux à de gros alésages ; ces gros alésages ne permettent alors pas d'atteindre des vitesses de rotation du vilebrequin suffisamment élevées pour obtenir les rendements de 50 HP au litre.

D'autre part on ne sait pas encore faire des hélices dépassant des vitesses de rotation de 2.000 tours à la minute surtout pour les grosses puissances ; l'emploi du réducteur qui permet de pallier à cet inconvénient a donné de gros déboires, il pèse lourd et donne naissance à une foule de difficultés constructives qui ont empêché la généralisation de son emploi.

On voit ainsi les raisons qui empêchent le rendement du moteur d'aviation de se rapprocher de celui du moteur d'automobile. Mais ces raisons sont certainement momentanées, de gros efforts ont été faits et ont donné d'excellents résultats pour diminuer la marge qui existe entre le rendement du moteur d'aviation et celui d'automobile ; pendant la guerre ce sont les mêmes constructeurs qui ont établi les deux types de moteurs, les mêmes ingénieurs qui les ont étudiés ; les progrès faits sur l'un n'ont pas été inutiles pour l'amélioration de l'autre, et réciproquement.

Il faut admettre d'autre part que les progrès auraient encore été plus rapides si les circonstances économiques actuelles n'avaient gêné considérablement les études, toujours extrêmement onéreuses, des deux types de moteur.

Examinons maintenant comment le moteur à deux temps peut nous permettre de résoudre certains problèmes propres à l'automobile et à l'aviation d'une façon commode et parfois très élégante.

Ainsi, en ce qui concerne l'automobile il est à remarquer que, tandis qu'avec le moteur à quatre temps la régularité cyclique n'est acquise qu'au prix d'une complication du moteur due à la multiplicité des cylindres, avec le moteur à deux temps cette régularité peut être obtenue avec un nombre de cylindres deux fois moins grand, et comme nous le verrons plus loin dans l'étude détaillée des différents types, avec une simplification généralement assez importante des organes de distribution.

Naturellement cette simplification du moteur est corrélative d'une diminution très importante de son prix de revient d'établissement. Il est intéressant de remarquer à ce sujet que la presque totalité des moteurs de motocyclettes légères et des bicyclettes à moteur sont munis de moteurs à deux temps ; les nécessités d'établissement de ces véhicules extrêmement bon marché ne permettent pas en effet l'emploi du moteur à quatre temps.

2. - Au point de vue fiscal, le moteur à deux temps se trouve favorisé, puisque la formule qui sert de base à l'application de l'impôt est la même pour tous les moteurs, qu'ils fonctionnent suivant le cycle à quatre temps ou suivant le cycle à deux temps et que, de l'application de cette dernière, il peut résulter, dans un moteur de mêmes caractéristiques, une puissance une fois et demie plus grande que dans le moteur à quatre temps.

3. - Envisageons maintenant l'emploi du moteur à deux temps comme moteur d'aviation.

Si l'on considère l'évolution du moteur à explosions dans sa transformation en moteur d'aviation, on remarque que deux voies parallèles ont été suivies par les constructeurs ; d'une part, la diminution du poids par cheval, d'autre part, l'augmentation de la régularité cyclique.

Nous n'insisterons pas sur la première de ces conditions ; nous nous bornerons à rappeler que l'aviation est née du jour où l'on a pu réaliser le moteur léger.

Quant à la régularité cyclique, elle constitue dans le moteur d'aviation une condition essentielle, d'autant que ce dernier est généralement privé de volant. La régularité cyclique ne peut donc être obtenue, dans un tel moteur, que par la multiplication des cylindres et, par conséquent, par l'augmentation du nombre de pièces en mouvement, ces dernières pouvant à elles seules arriver à former un volant suffisant. La première condition, c'est-à-dire celle du faible poids par cheval, qui fait que les constructeurs cherchent à alléger toutes les pièces et à supprimer celles qui ne sont pas indispensables au fonctionnement du moteur, est en antagonisme avec la seconde.

Dans un moteur à quatre temps, chaque cylindre donne une explosion tous les deux tours et il y a par conséquent $a/2$ explosions par tour si le moteur comporte a cylindres. La rotation de l'arbre moteur est donc le résultat d'une série d'impulsions, au nombre de $n/60 \times a/2$, (n étant le nombre de tours par minute), ces impulsions étant retardées par le même nombre de compressions. L'allure générale du couple moteur est donc sinusoïdale. Si, par exemple, on suppose un moteur à 7 cylindres tournant à 1.200 tours par minute, on voit qu'il se produit (1200 × 7) / 120 = 70 vibrations par seconde.

Le volant formé par les organes en mouvement du moteur et par l'hélice elle-même tend à diminuer l'importance de ces vibrations en grandeur, mais non en nombre : la vitesse angulaire de l'hélice variera donc 70 fois de grandeur pendant une seconde. Gomme la matière qui constitue les hélices est très élastique, elle subit de petites déformations et entre en vibration. Ces mouvements parasites entraînent une perle de travail et par conséquent une diminution dans le rendement du groupe moto-propulseur. Dans certains cas, ces forces peuvent prendre une grande importance et provoquer la rupture de l'hélice, il convient donc de les diminuer le plus possible[1].

L'application du cycle à deux temps aux moteurs d'aviation donne, à nombre de cylindres égal, un couple moteur deux fois plus régulier que dans le moteur à quatre temps et constitue, à ce point de vue, un important progrès.

Ces considérations nous conduisent à la conclusion suivante : le moteur léger doit être un moteur à impulsion continue.

La meilleure solution est, pour les puissances ne dépassant pas 150 chevaux, réalisée actuellement par le moteur rotatif, puisque, d'une part, au moyen d'un agencement spécial de ses organes, on arrive à diminuer considérablement le poids par cheval et que,, d'autre part, la masse entière du moteur constitue un volant efficace.

[1] Dans notre ouvrage *Bases et méthodes d'études aérotechniques*, nous avons étudié complètement cette question au point de vue de la résistance des matériaux constituant ordinairement les hélices. Nous avons étudié séparément les forces sinusoïdales provenant de l'irrégularité du couple moteur et provoquant des vibrations dans le sens de la force centrifuge, dans le sens de la rotation, dans le sens de la traction de l'hélice et dans le sens de la torsion des sections de cette hélice. Nous en avons déduit les formes qu'il y avait lieu de donner aux hélices pour résister à ces forces anormales de façon que les déformations que ces hélices subissent soient de faible importance et n'influent que très peu sur leurs conditions de bon rendement.

Il n'a guère été possible de dépasser avec des moteurs rotatifs la puissance de 150 HP ; les difficultés de refroidissement en particulier ont été telles que cette puissance peut être considérée comme la puissance limite de ce type de moteur. Jusqu'à 200 et 250 HP on a en général employé le moteur à cylindres fixes à 6 et 8 cylindres, au-dessus de 250 HP ce sont surtout les moteurs à 12 cylindres en V ou W qui ont donné de bons résultats.

L'alésage des cylindres de moteurs d'aviation n'a pas pratiquement dépassé 160.

On voit donc que l'application du cycle à deux temps à de tels moteurs, application qui donnerait, au point de vue de la, régularité cyclique, le même résultat que si l'on doublait le nombre des cylindres, serait un progrès certain et que cela constituerait un acheminement vers la turbine à combustion continue, solution idéale du moteur d'aviation.

Examinons maintenant un certain nombre de points de comparaison entre le moteur à deux temps et le moteur à quatre temps.

Souplesse

La souplesse d'un moteur est définie par l'étendue de la gamme de vitesses pour lesquelles ce moteur maintient sa puissance maximum ou une puissance très voisine. Le moteur à vapeur est le type du moteur souple, car il est susceptible de développer une puissance sensiblement constante, alors que sa vitesse varie entre de très larges limites, et c'est d'ailleurs grâce à cette qualité que les automobiles à moteurs à vapeur ont pu être dispensées de changements de vitesse.

On comprend facilement le gros avantage que présente, dans son application à l'automobile, un moteur doué des qualités de souplesse ainsi définies : le changement de vitesse peut être simplifié, son usage sera moins fréquent, l'usure de ses organes moins rapide et la conduite de la voiture deviendra plus agréable.

À la suite de quelques-unes des monographies de moteurs à deux temps qui sont données dans cet ouvrage, nous avons fait figurer un certain nombre de courbes caractéristiques représentant les puissances développées par ces moteurs à différentes vitesses angulaires. Certaines de ces courbes sont très aplaties ; celle du moteur Legros, entre autres, montre qu'entre 700 et 1.500, tours la puissance développée ne varie pas de plus de 7 % de sa valeur.

Ces résultats expérimentaux peuvent être expliqués par l'examen des conditions de fonctionnement du moteur à deux temps. En effet, dans le quatre temps, à cause de la longue durée possible de l'admission, la cylindrée reste sensiblement la même, que le moteur tourne à 600 ou 1.800 tours par minute, ce qui fait que la puissance reste presque proportionnelle à la vitesse, si l'on néglige les pertes de puissance dues aux frottements.

Dans le moteur à deux temps, les conditions de fonctionnement sont toutes différentes : la durée de l'admission est limitée d'autant plus que la vitesse angulaire du moteur est plus élevée ; certains techniciens ont même cru voir dans ce peu de durée l'impossibilité matérielle de réaliser la cylindrée complète dans le moteur à deux temps.

Cependant, l'expérience a prouvé qu'il y avait toujours moyen, dans les limites de vitesse ordinairement employées, d'arriver à la cylindrée complète. Mais alors il faut se résoudre à augmenter les dimensions de la pompe et à perdre une partie des gaz frais par l'échappement.

Généralement, les constructeurs établissent leur pompe de manière à pouvoir introduire une cylindrée suffisante aux grandes vitesses pour réaliser environ 1,2 ou 1,3 fois la puissance d'un moteur à quatre temps de cylindrée égale. Dans ces conditions, à mesure que la vitesse angulaire diminue, la cylindrée devient de plus en plus complète, sans qu'il y ait jamais perte de gaz frais par l'échappement, et le moteur arrive à développer une puissance environ 1,6 à 1,7 de celle du moteur à quatre temps correspondant lorsqu'on les compare aux faibles vitesses.

Certains constructeurs de moteurs à quatre temps, en particulier des constructeurs américains, ont admis résolument les avantages de la souplesse, considérée comme nous l'avons fait, et, appliquant leur moteur à l'automobile, ils sacrifient la puissance maximum du moteur par diminution de la cylindrée à grande vitesse, limitant, par exemple, à 30 chevaux un moteur qui peut en donner 50, de façon à maintenir cette puissance maximum de 30 chevaux sur une plus grande gamme de vitesses. Si, alors, on compare de tels moteurs à un moteur à deux temps fonctionnant bien, on constate que ce dernier développe une puissance sensiblement double.

Point de vue thermique

Considérons un moteur à quatre temps à deux cylindres, nous pouvons nous représenter le moteur à deux temps de même puissance comme un moteur de mêmes caractéristiques ; mais, tandis que, dans le premier, les deux cylindres sont moteurs, dans le second un seul serait moteur et l'autre servirait de pompe, le cylindre moteur développant, théoriquement, une puissance double de celle développée dans le premier cas.

Les explosions se succédant deux fois plus rapidement dans le cylindre, de plus, la surface de refroidissement étant deux fois moindre (puisqu'il n'y a qu'un seul cylindre de refroidi), il y aurait une moins grande perte de chaleur par les parois.

En réalité, Hugo Güldner estime à 35-40 % de la quantité de chaleur mise en jeu, celle qui est évacuée, dans un moteur à deux temps, par l'eau de refroidissement et il fait observer que ces chiffres sont absolument comparables à ceux qu'on relève sur le moteur à quatre temps.

Dans le moteur à quatre temps, l'introduction du mélange tonnant se fait pendant une course entière du piston ; dans le moteur à deux temps, cette introduction a lieu pendant un temps plus court (1/8 à 1/10 de la course). Par conséquent, dans le deux temps, les gaz frais ne s'échauffent pas autant au contact des gaz brûlés et des parois chaudes.

De plus, ces gaz frais, introduits sous pression, subissent, en pénétrant dans le cylindre, une détente qui les refroidit, et peu après leur introduction, le cylindre se trouve fermé par le piston qui remonte, de sorte que l'échauffement qu'ils subissent ensuite au contact des parois chaudes n'influe plus sur le remplissage. Enfin, dans le moteur à deux temps, la compression commence sur des gaz frais qui possèdent déjà une pression légèrement supérieure à la pression atmosphérique, ce qui n'existe pas dans le moteur à quatre temps. On voit donc que, dans le moteur à deux temps, le remplissage peut être opéré dans de bonnes conditions.

Enfin, les gaz en ignition séjournant moins longtemps dans le cylindre et ce dernier étant balayé plus fréquemment par des gaz frais, le refroidissement interne de ce cylindre se trouve être meilleur que dans le moteur à quatre temps.

Nous allons démontrer qu'il n'est pas exact de dire qu'un moteur à deux temps chauffe parce qu'il se produit, dans un tel moteur, un nombre double d'explosions pendant le même temps.

Dans les moteurs à quatre temps, comparativement aux moteurs à deux temps, les périodes d'explosion sont les mêmes, donc la même quantité de chaleur se transmet aux parois pendant ce temps de fonction.

Examinons, en particulier, ce qui se passe pour chacun des deux types de moteurs pendant la période d'échappement.

Dans les moteurs à quatre temps, il y a avance à l'échappement, par l'ouverture de la soupape, avant que le piston soit à fond de course, puis, quand celui-ci remonte, il y a refoulement des gaz chauds, refoulement qui à pour but de les forcer à passer par l'étranglement de section que donne la levée de la soupape. C'est pendant cette période que sont refoulées, pour ainsi dire, les calories à travers la paroi, d'autant plus que la durée de refoulement correspond à une rotation de 180° de la manivelle.

Dans les moteurs à deux temps, l'avance à l'échappement se fait par dès lumières percées à fond de course. La plus grande partie des gaz est évacuée directement du cylindre, le reste est refoulé par les gaz frais qui s'échauffent, dans une certaine mesure, au contact des parois du cylindre. Cette introduction se faisant dans un temps beaucoup plus petit que celui, qui correspond à une rotation de 180° de la manivelle, c'est donc plutôt une période de refroidissement.

À l'appui de cette théorie, nous pouvons rappeler les expériences citées par M. Faroux : deux moteurs de même puissance, non refroidis par l'eau, l'un fonctionnant suivant le cycle à quatre temps, l'autre suivant le cycle à deux temps, sont mis en marche dans un local fermé. Cette expérience, souvent répétée, a permis de constater que le moteur à deux temps fonctionnait, dans ces conditions, environ trois fois plus longtemps que le moteur à quatre temps avant d'être arrêté par l'échauffement excessif de ses organes.

Point de vue mécanique

Examinons d'abord le déplacement de la masse gazeuse.

Dans le moteur à deux temps, toutes choses égales, il y a déplacement d'une plus grande masse de gaz que dans un moteur à quatre temps, puisque, dans la plupart d'entre eux, le gaz frais est comprimé une première fois, puis transvasé et recomprimé ; il s'ensuit donc un travail de frottement interne plus considérable, travail provenant du frottement du gaz sur les parois et du laminage de ces gaz à travers les différents orifices, lumières, ouverture des soupapes, ou entrée dans les canalisations, etc.

Par contre, dans le moteur à deux temps, la course d'expulsion des gaz brûlés étant supprimée, la contre-pression n'existe plus et cela constitue un avantage appréciable.

Au point de vue des frottements des surfaces métalliques, frottements qui absorbent généralement, dans un moteur, une quantité de travail assez importante, le moteur à deux temps serait en état d'infériorité vis-à-vis du moteur à quatre temps. En effet, ainsi que nous le verrons dans les chapitres suivants, la compression du mélange gazeux et sa distribution nécessitent, dans la plupart des moteurs étudiés, des organes spéciaux animés soit de mouvements alternatifs, soit de mouvements rotatifs, et dont l'étanchéité doit être assurée au moyen de segments. Cela entraîne des frottements importants. Dans certains moteurs, restés à l'état de projets, la valeur de ces frottements serait même prohibitive.

On peut cependant remarquer que, dans les moteurs à deux temps où la pompe de compression est distincte du cylindre moteur, cette dernière peut fonctionner sans entraîner des frottements exagérés ; le piston de cette pompe peut être muni de segments n'exerçant pas de fortes pressions sur les parois du cylindre et, de plus, cette pompe ne subissant pas d'échauffements sensibles, peut être abondamment graissée.

Hugo Güldner estime qu'à ce point de vue, les cycles à deux et quatre temps sont équivalents et, dans son ouvrage *Entwerfen und Berechnen der Verbrennungsmotoren*, il cite le principe suivant à l'appui de sa théorie :

> « Dans des machines à piston de même genre, le travail de frottement est d'autant plus considérable que le volume engendré par une course de piston est plus grand par rapport à l'unité de puissance développée. »

Si donc, on ajoute le volume décrit par le piston de la pompe à celui décrit par le piston moteur, on arrive à un travail de frottement aussi grand que dans un moteur à quatre temps de mêmes caractéristiques, si l'on suppose que, dans les deux cas, la puissance développée est la même. Ceci n'est pas exact, puisqu'un moteur à deux temps ne développe pas, pratiquement, le double de la puissance d'un moteur à quatre temps de mêmes caractéristiques, mais, en compensation, le frottement du piston de la pompe peut être considérablement diminué par l'emploi de segments faibles et par un graissage abondant, ainsi que nous l'avons déjà vu.

Enfin, dans un moteur à deux temps, à puissance égale avec un moteur à quatre temps, il n'y a besoin que d'une masse de volant moitié moindre pour obtenir le même effort ; il s'ensuit donc que, dans le moteur à deux temps, les frottements sur les tourillons peuvent être considérablement diminués.

Pertes par les frottements

Presque tous ceux qui ont étudié des réalisations du moteur à deux temps semblent avoir oublié que les frottements absorbent, dans un moteur, une portion très notable de la puissance développée.

Il nous paraît utile d'insister sur ce point.

Les organes du moteur qui sont astreints à un travail de frottement sont les suivants :Le piston ;

- Les segments ;
- Le pied de bielle ;
- La tête de bielle ;
- Les paliers ;
- Les organes de distribution.

Le piston frotte sur les parois du cylindre en raison des réactions obliques de la bielle. On diminue ces réactions en employant des bielles longues, ne dépassant toutefois pas cinq fois la longueur du rayon de la manivelle. L'obliquité de la bielle au moment où elle est le plus nuisible, c'est-à-dire pendant la période de détente, peut être diminuée par le désaxement.

Ce désaxement consiste à déplacer l'axe du cylindre par rapport à la verticale passant par l'axe de l'arbre moteur. Ce déplacement est effectué dans le sens de la rotation. L'obliquité de la bielle se trouve, au contraire, augmentée pendant la course de compression. La puissance absorbée par le frottement des pistons est moindre pour les moteurs désaxés que pour les moteurs symétriques. Les chiffres suivants, empruntés à M. Lacoin, font ressortir nettement l'avantage :

MOTEUR SYMÉTRIQUE	MOTEURS DÉSAXÉS Valeur du désaxement en fonction du rayon de manivelle					
	0.1	0,2	0.3	0,4	0.5	0.6
Puissance absorbée en p. 100. 5,03	4,55	4.55	3,88	3,67	3,54	3,49

Le frottement des segments contre la paroi interne du cylindre peut être diminué par un graissage bien compris, et aussi par un choix judicieux des métaux composant le cylindre et les segments.

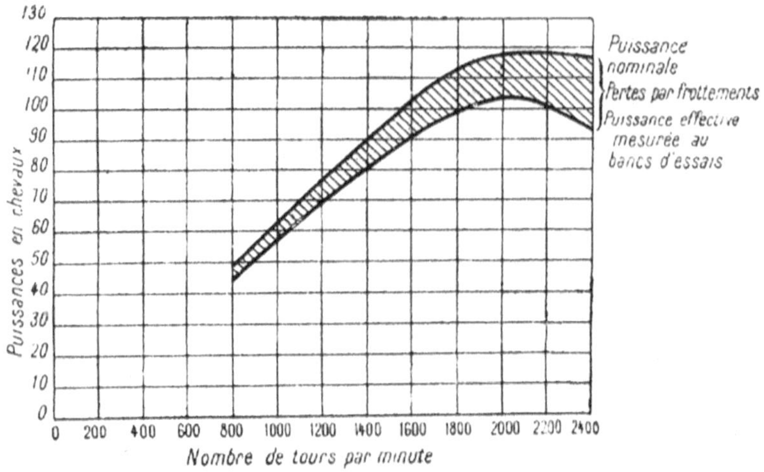

Fig. 8. — Moteur Benz 4 cylindres 115x175 fonctionnant suivant le cycle à 4 temps.

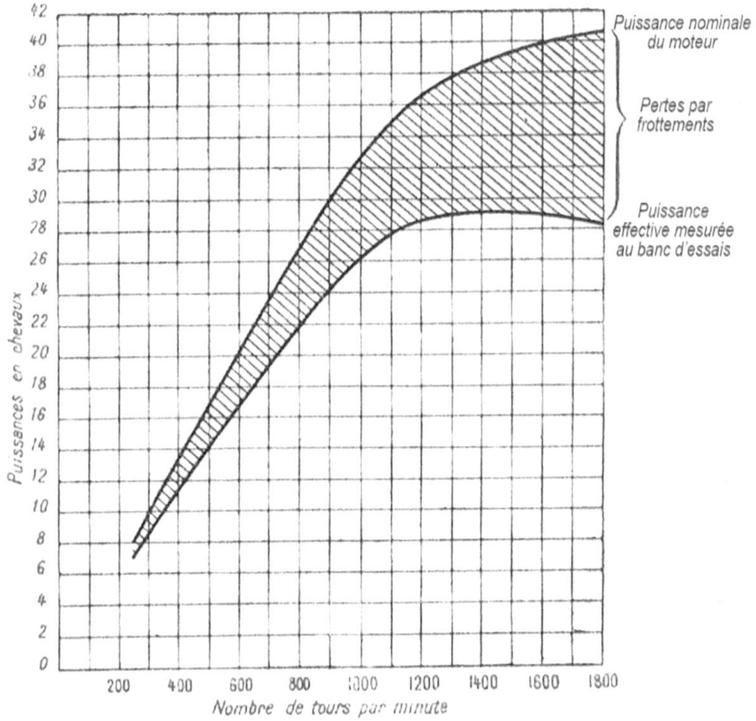

Fig. 9. — Schéma montrant les pertes par frottements d'un moteur Renault (moteur de voiture de course de 4 cylindres 100 x 140 fonctionnant suivant le cycle à 4 temps).

Le pied de bielle frotte sur l'axe du piston, tandis que la tête de bielle frotte sur le maneton du vilebrequin. Ces frottements sont diminués par un graissage approprié. Ils sont réduits à leur minimum par l'emploi de paliers à billes.

Enfin, les organes de distribution, arbre à cames, soupapes, commande des engrenages, entraînent quelques frottements que l'on réduit à leur minimum par une construction soignée.

Différentes mesures de ces frottements ont été faites tant sur les moteurs à quatre temps que sur les moteurs à deux temps. Il nous paraît intéressant de donner ici quelques résultats relatifs à l'une et à l'autre catégories de moteurs.

Voici d'abord des chiffres relevés sur les courbes publiées par le Dr Riedler, à la suite d'essais effectués au laboratoire de l'École polytechnique de Berlin[2].

Les courbes sont reproduites sur les deux courbes précédentes : l'une (fig. 8) est relative à un moteur de voiture de course Benz comportant quatre cylindres de 115 millimètres d'alésage et 115 millimètres de course, l'autre (fig. 9) à un moteur de voiture de course Renault comportant quatre cylindres de 100 mm d'alésage et 140 mm de course.

Ces courbes permettent de relever les chiffres suivants[3] :

	NOMBRES de tours par minute.	PUISSANCES nominales en chevaux.	PERTES par frottements en chevaux.	PERTES p. 100
Moteur Benz	1.600	103	11	10,7
	2.000	118	16	13,6
	2.400	116	24	20,7
Moteur Renault	1.000	33	6,5	19,7
	1.400	39	10	25,7
	1.800	40,4	12,6	31,2

[2] Ce sont les principaux travaux qui ont été faits sur le rendement des moteurs à explosion. Nous avons été obligé de nous y référer bien qu'ils datent de 1913. Depuis les hostilités, il ne semble pas avoir été fait d'essais systématiques dans cet ordre d'idées.

[3] Les chiffres de pertes représentent les moyennes des pertes mesurées sur le moteur fonctionnant d'abord sans compression, puis avec compression.

Pour fixer les idées, voici maintenant la répartition approximative des pertes par frottements internes dans un moteur d'automobile à quatre temps, à soupapes, de type courant :

Piston	5	%
Segments	2	—
Pied de bielle .	1,5	—
Tête de bielle	6,5	—
Paliers	7	—
Distribution	1	—
	Total.................................23	%

Il y a lieu d'y ajouter les pertes par frottement occasionnées par les organes annexes du moteur : magnéto, pompe à huile, pompe à eau, axe du ventilateur, dont on peut évaluer le total à environ 5 %. (Ces pertes sont comprises dans les chiffres d'essais concernant les moteurs Benz et Renault.)

Passons maintenant aux moteurs à deux temps.

Haeder estime que les pertes par frottements internes des moteurs à deux temps munis de pompes sont approximativement de 15 % à pleine charge, 18 % à demi-charge et 30 % à un quart de charge.

Consommation en combustible

La consommation spécifique (consommation exprimée en grammes par cheval-heure) d'un moteur à deux temps ne peut, en aucun cas, être inférieure à celle d'un moteur à quatre temps. On est, en effet, obligé, dans le moteur à deux temps, de comprimer une première fois le mélange gazeux pour l'introduire dans la chambre d'explosion ; le mélange, pénétrant dans cette chambre, se détend, puis il est de nouveau comprimé en vue de son explosion.

Il y a donc une perte de travail qu'on ne peut éviter. Il est vrai, et l'on a tout intérêt à le faire pour obtenir un bon balayage des gaz brûlés, qu'on introduit généralement les gaz frais dans le cylindre à une pression aussi peu élevée que possible, mais cette compression préalable nécessite un certain travail et cela correspond à une augmentation de la consommation en combustible.

Indépendamment de cette cause, le moteur à deux temps, par son principe même, ne peut généralement fonctionner sans un certain gaspillage de combustible.

Nous allons examiner de près cette seconde cause dont l'effet est de donner, aux moteurs à deux temps insuffisamment au point, des consommations spécifiques prohibitives.

Il est bien évident que, pour obtenir une bonne utilisation d'un combustible donné dans un moteur, que ce moteur fonctionne suivant le cycle à deux temps ou suivant le cycle à quatre temps, il est nécessaire d'introduire, dans chaque cylindrée, le plus de calories possible, sous forme d'un mélange de ce combustible et d'air, et de produire une combustion aussi complète que possible de ce mélange. Nous avons démontré, d'autre part, que, pour arriver à produire cette combustion complète, il était nécessaire d'évacuer le plus complètement possible les gaz brûlés de l'explosion précédente, la présence de ces derniers pouvant, en particulier, arrêter la propagation de l'onde explosive et provoquer ainsi des combustions imparfaites[4].

Or, dans un moteur à deux temps, le procédé le plus généralement employé pour obtenir l'évacuation des gaz brûlés consiste :

1. - À découvrir l'orifice d'échappement vers la fin de la course descendante du piston, ce qui produit une détente brusque des gaz brûlés, suivie d'une légère dépression dans le cylindre ;

2. - À découvrir, au même instant, les orifices d'admission ; les gaz frais, comprimés d'un côté et aspirés de l'autre, se précipitent dans le cylindre, viennent frapper sur le déflecteur dont est généralement munie la partie supérieure du piston. Ils sont dirigés vers le fond du cylindre, suivent la courbure de la culasse et, poussant devant eux les gaz brûlés qui restent dans le cylindre, se dirigent vers l'orifice d'échappement.

Pour obtenir une expulsion complète des gaz brûlés, il est donc nécessaire de ne fermer l'orifice d'échappement que lorsque les dernières traces de ces gaz brûlés ont dépassé l'orifice en question, et l'on conçoit que cet instant est difficile à saisir. Si l'on ferme trop tôt, une partie des gaz brûlés reste dans le cylindre ; dans le cas contraire, une certaine quantité des gaz frais est évacuée.

Dans le premier cas, on obtiendra une puissance moindre, mais une faible consommation ; dans le second cas, la puissance sera plus élevée, mais la consommation le sera également ; la consommation spécifique

[4] La diminution du rendement du moteur, lorsque dans le cylindre de ce dernier subsistent des gaz brûlés au moment de l'explosion, est d'autant plus sensible que le volume de la chambre de compression est plus grand par rapport à celui du cylindre.

pouvant, d'ailleurs, être la même dans les deux cas. Cette dernière considération permet de tirer la conclusion suivante : lorsqu'on est arrivé à obtenir d'un moteur à deux temps une puissance correspondant environ à une fois et demie la puissance que développerait un moteur à quatre temps de même alésage et même course et une consommation spécifique normale, les caractéristiques suivantes du moteur :

1. - Taux de la compression des gaz frais ;
2. - Dimensions et emplacements des orifices d'admission et d'échappement ;
3. - Vitesse linéaire du piston et, par conséquent, vitesse angulaire de l'arbre ;

Devront être rigoureusement conservées si l'on veut retrouver constamment les mêmes chiffres de puissance et de consommation spécifique.

En un mot, le moteur à deux temps est, encore plus que le moteur à quatre temps (dans lequel l'automaticité relative donnée au carburateur permet d'obtenir les mêmes résultats à des régimes différents), un moteur à régime constant. Tout réglage autre que celui qui a été trouvé le meilleur, qu'on augmente la vitesse angulaire, qu'on change la pression initiale des gaz frais ou qu'on modifie les ouvertures, en grandeur ou en position, donnera des résultats sensiblement différents.

Au cours d'un article paru dans *La Vie automobile* (numéro du 23 mars 1912), M. Colmant, un des techniciens qui ont le plus étudié la question du moteur à deux temps, cite les faits suivants :

Un moteur à trois cylindres de 100 × 120 (rapport de compression : 4,5)[5] donna une puissance de 24 chevaux à 1.350 tours par minute et une consommation spécifique de 395 g. Dans ce moteur, l'évacuation des gaz brûlés était aussi complète que possible : l'admission des gaz frais n'avait lieu qu'après ce balayage.

Un moteur de mêmes caractéristiques, dans lequel le rapport de compression est porté à 6,5 par le changement des pistons et dans lequel on a augmenté les espaces morts de la pompe de refoulement des gaz frais, de manière que le volume aspiré à chaque cycle atteigne à peine

[5] On peut atteindre un rapport de compression égal à 7 dans les moteurs à essence sans craindre l'auto-allumage, à condition d'avoir des essences d'excellente qualité, c'est-à-dire légères et surtout très homogènes. Avec le benzol on a, au cours de concours de consommation, atteint des rapports de compression de 14.

la moitié de la cylindrée réelle, que l'injection se fasse sous le minimum de pression, sans que l'évacuation des gaz brûlés ait préoccupé le constructeur, a développé 42 chevaux à 1.500 tours par minute, avec une consommation spécifique de 265 g à 283 g. J'ai assisté à ces derniers essais et ne puis mettre en doute les résultats des précédents, pas plus que tous ceux cités par M. Colmant, mais j'estime que, devant ces résultats presque paradoxaux, il faut absolument éviter d'attribuer à la présence des gaz brûlés dans le cylindre, au moment de l'explosion, une influence prépondérante.

Nous avons démontré, d'autre part, que cette présence pouvait donner au fonctionnement du moteur une certaine souplesse, mais nous nous refusons à admettre que la présence des gaz brûlés puisse être la cause d'un accroissement de puissance et d'une économie de combustible.

Les derniers résultats cités pourraient être expliqués de la façon suivante : les espaces morts de la pompe ont été augmentés, par conséquent, à vitesse angulaire égale, la pression du gaz au droit des orifices d'admission est moins grande que dans le premier moteur. Supposons que les orifices d'admission aient été agrandis, la vitesse linéaire du piston étant la même dans les deux moteurs (nous faisons la comparaison à vitesse angulaire constante), dans le deuxième cas, la vitesse d entrée des gaz frais étant moins grande et le temps d ouverture de l'orifice d'admission plus considérable, on réalise probablement un meilleur balayage des gaz brûlés, ce qui explique le chiffre de puissance plus élevé.

De plus, la relation entre les diamètres des orifices, la pression des gaz frais et la vitesse linéaire du piston étant vraisemblablement la bonne, on obtient, en même temps, une consommation réduite.

Il y aurait un moyen d'élucider cette question, ce serait de prélever une cylindrée au moment où l'explosion va être provoquée et de soumettre ces gaz à l'analyse. La quantité d'anhydride carbonique trouvée permettrait de formuler des conclusions plus certaines.

M. Grover a étudié ces questions au Laboratoire du Collège de Leeds. Il est arrivé aux conclusions suivantes :

1. - Pour une même quantité de combustible, on obtient les pressions les plus élevées lorsque, dans le mélange gazeux, le volume d'air dépasse légèrement la quantité strictement nécessaire pour obtenir la combustion complète.

2. - Dans quelques mélanges, on réalise un accroissement notable de pression lorsque les gaz brûlés prennent la place de l'air en excès.

3. - Quand le volume des gaz brûlés n'excède pas 58 % du volume du mélange, celui-ci reste encore explosif, pourvu toutefois que le volume d'air ne soit pas inférieur à 5,5 fois le volume du combustible (à l'état gazeux).

4. - En remplaçant l'air excédant par des gaz brûlés, on réduit la durée de l'explosion.

Essais de moteurs à deux temps

Un concours pour moteurs à deux temps fut institué par l'Automobile Club de France en octobre et novembre 1907.

Sept moteurs différents furent soumis aux essais et deux seulement remplirent toutes les conditions du programme.

Les essais comprenaient une marche de six heures à pleine charge, une marche de trois heures à demi-charge et une marche de trois heures à vide. Les résultats de ces essais présentent un très grand intérêt et sont résumés ci-dessous :

Le moteur qui obtint la première place était le Tony Huber Peugeot monocylindrique de 110 d'alésage, 140 de course. Dans ce moteur, les gaz sont comprimés entre le piston et une plaque qui glisse entre le bas du cylindre et la partie supérieure du carter, plaque munie d'un presse-étoupe à travers laquelle glisse la bille.

Le second moteur était le moteur Legros, c'était un deux cylindres de 100 d'alésage et 120 de course.

Les résultats des essais sont donnés dans le tableau suivant :

Essai d'un moteur à deux temps

Moteur	Peugeot	Legros
Nombre de cylindres	... 1	2
Alésage du cylindre	. 110	100
Course du piston	. 140	120

Essai à pleine charge

Vitesse moyenne en tours par minute.	1.401,3	967,1
Puissance moyenne en chevaux-vapeur	.. 12,86	12,25
Consommation totale en litres à l'heure	.. 7,2	8,6

Consommation en kilogrammes par cheval-heure	0,340 g	0,485 g
Poids du moteur en kilogrammes.	75	164
Poids par cheval	5,750	13,400

Essai à demi-charge

Vitesse moyenne en tours par minute.	1.427,6	923,5
Puissance moyenne	6,4	5,4
Consommation totale en litres à l'heure	6,250 l	5,800 l

Essai à vide

Vitesse moyenne en tours par minute.	900	920
Consommation totale à l'heure.	4,15 l	5,5 l

Les vitesses de piston au maximum de puissance furent de 5,50 m pour le Peugeot et de 4,65 m pour le Legros. Les produits correspondants de la pression moyenne effective par le rendement mécanique (ηp) furent de 2.900 kilogrammes et 2.450 kilogrammes par centimètre carré respectivement.

Une série très complète d'essais d'un moteur ordinaire à deux temps fut faite par le Dr Watson, de Londres, et il en a fait le compte rendu dans une communication à l'Institut des Ingénieurs de l'Automobile.

Le moteur était un monocylindrique carré de 83 millimètres d'alésage. Il était à compression dans le carter et du type à trois orifices ; l'orifice d'aspiration dans le carter restait ouvert pendant 82° de la rotation du vilebrequin, l'orifice de passage pendant 97° et l'orifice d'échappement pendant 122°. Le moteur à 1.506 tours par minute développa une puissance de 4,16 chevaux avec une consommation de 345 grammes d'essence par cheval-heure indiqué. La pression moyenne à 1.500 tours par minute était de 3.700 kilogrammes par centimètre carré, à 900 tours elle était de 4.500 kilogrammes. Les consommations du mélange gazeux à cette vitesse étaient de 12,13 d'air pour 1 d'essence, et 17 % de la charge s'échappaient par l'orifice d'échappement. Les fuites de gaz frais étaient plus grandes aux basses vitesses. La compression de ce moteur variait entre 4 ,3 et 4,6 kilogrammes par centimètre carré à toutes les vitesses.

Détails de construction du moteur à deux temps.

Dans un moteur à deux temps, il est absolument nécessaire d'ergoter les segments ; si, en effet, les segments étaient libres de tourner et que leur coupure vienne se placer en face d'un orifice, les segments seraient saisis par la lèvre de l'orifice et cassés. Pour éviter cet inconvénient, il est prudent de limiter chaque section de l'orifice à un arc de 35°.

La présence des orifices rend l'usinage d'un cylindre de moteur à deux temps un peu plus délicat que celui d'un moteur à quatre temps ordinaire ; c'est naturellement par rectification qu'on obtient le meilleur résultat.

Si l'on emploie la compression dans le carter, on doit prendre le plus grand soin pour obtenir une étanchéité absolue en tous points. Les différentes parties du carter doivent être assemblées avec des joints en papier enduits d'huile de lin cuite. Quelques constructeurs, cependant, préfèrent roder les surfaces de contact sur une surface plane, et se passer de joints ; la présence de ceux-ci est toujours plus ou moins ennuyeuse au moment où une réparation devient nécessaire.

Cette méthode est particulièrement applicable quand le carter est fait en deux moitiés avec un joint horizontal passant par l'axe de vilebrequin.

Les boulons qui servent à assembler les deux parties du carter et à fixer les cylindres sur le carter devront être prévus plus justes dans leurs logements qu'on n'a l'habitude de le faire pour les moteurs à quatre temps.

Détermination de la puissance

De même que dans le cas des moteurs à quatre temps, il est impossible de donner une formule satisfaisante pour la prédétermination de la puissance des moteurs à deux temps.

Comme règle générale, on peut admettre que les moteurs à deux temps ont leur maximum de puissance à une vitesse de piston plus faible que les moteurs à quatre temps, et que leur pression moyenne effective est également un peu moindre, mais, comme dans les moteurs à deux temps, les explosions sont deux fois plus fréquentes que dans un moteur à quatre temps, la puissance se fixe, comme nous l'avons déjà fait remarquer, aux environs d'une fois et demie la puissance d'un moteur à quatre temps de même cylindrée tournant à la même vitesse.

Moteurs à quatre cylindres et à deux temps.

Dans ces moteurs, on a l'habitude de placer les deux manivelles de chaque couple de cylindre à 180° l'une de l'autre, et de décaler de 90° les deux moitiés du vilebrequin. On obtient ainsi des explosions régulièrement espacées, mais le résultat au point de vue équilibrage, est peu satisfaisant, et il est indispensable d'employer des contrepoids d'équilibrage.

De tels moteurs ont un couple naturellement très régulier ; comme les échappements dans un quatre cylindres chevauchent généralement l'un sur l'autre, il faut prévoir une culotte d'échappement séparée pour chaque paire de cylindres.

Deuxième partie

RÉALISATION DU MOTEUR À DEUX TEMPS

Chapitre I

Dispositifs d'alimentation

Les nombreux dispositifs de moteurs à deux temps qui ont été brevetés, qu'ils aient fait l'objet d'études superficielles ou bien qu'ils aient été poussés jusqu'à la réalisation pratique, peuvent être, à première vue, répartis en deux grandes catégories :

Première catégorie. — Moteurs dans lesquels l'aspiration du mélange gazeux est effectuée dans un cylindre distinct du cylindre moteur.

Deuxième catégorie. — Moteurs dans lesquels le mélange gazeux est aspiré par le piston moteur lui-même.

Dans le premier cas, l'ensemble des deux cylindres ne développant pas, à alésages et courses égaux, une puissance double de celle que développerait un seul cylindre d'un moteur à quatre temps, l'encombrement et le poids d'un tel moteur sont tels qu'il n'est pas possible de songer à cette solution pour le moteur d'aviation. Par contre, nous verrons que beaucoup d'inventeurs ont étudié ce dispositif et que plusieurs moteurs d'automobiles existants sont de ce type

Les moteurs dans lesquels le mélange gazeux est aspiré par le piston moteur peuvent être classés de la façon suivante :

a) Moteurs dans lesquels l'aspiration du mélange gazeux est effectuée dans un espace distinct du cylindre moteur ;
b) Moteurs dans lesquels l'aspiration du mélange gazeux est effectuée dans le carter ;
c) Moteurs dans lesquels l'aspiration du mélange est effectuée dans le cylindre moteur par le piston moteur.

Enfin, dans chacune de ces catégories, il faut distinguer les moteurs dans lesquels les gaz, comprimés une première fois, sont détendus au moment de leur passage dans la chambre de travail pour être ensuite recomprimés, de ceux dans lesquels le transvasement se fait sous une faible pression. Dans le premier cas, il y a une perte de travail très sensible.

Nous examinerons, dans chacune de ces catégories, les moteurs les plus caractéristiques qui ont été brevetés en France depuis 1896 dans le but de montrer comment ces diverses questions ont été envisagées par les inventeurs. Parmi ces moteurs, quelques-uns ont été construits et appliqués, certains donnent actuellement de très bons résultats. Nous insisterons particulièrement sur ces derniers et nous donnerons, à l'appui, les résultats des essais que nous avons eu l'occasion d'effectuer sur plusieurs d'entre eux.

I. – Moteurs dans lesquels le mélange gazeux est aspiré dans un espace indépendant du cylindre moteur.

La compression nécessaire au transvasement du mélange gazeux peut être effectuée dans un cylindre complètement indépendant du cylindre moteur. Nous verrons, par exemple, des moteurs dans lesquels la partie inférieure du cylindre sert de pompe. Il y a lieu de faire une distinction entre ces deux sortes de solutions, ainsi que nous allons le voir.

Dans le premier cas, le rendement de la pompe de compression peut être excellent : les gaz étant généralement peu comprimés ne subissent pas d'échauffements sensibles, les soupapes n'étant pas soumises à de grandes pressions peuvent être légères et de grands diamètres. En résumé, à volume égal décrit par le piston de la pompe, il arrive dans le cylindre moteur une plus grande quantité de mélange gazeux froid que si l'aspiration était produite par le piston moteur.

Dans le second cas, les conditions de travail de la pompe sont sensiblement différentes : le mélange gazeux subit un échauffement notable, par suite du voisinage immédiat de la chambre de travail; par conséquent, le rendement de la pompe est inférieur à celui qu'on obtient dans le cas précédent.

Différentes dispositions ont été envisagées par les inventeurs pour réaliser cette compression dans un cylindre indépendant, la plus courante est représentée par le moteur Côte. Ce moteur étant actuellement tout à fait au point et en pleine exploitation, nous lui consacrerons une description assez étendue.

Le moteur **Côte** (**brevet n° 397 049 du 3 décembre 1908**) se compose de deux ou de plusieurs éléments constitués par des cylindres à double alésage (fig. 10). Le cylindre supérieur 1 possède le plus petit alésage ; il est entouré d'une chemise d'eau de refroidissement. C'est dans ce cylindre que se produit l'explosion. Le cylindre inférieur 2 n'a qu'une paroi : il sert à l'aspiration et au refoulement du mélange gazeux.

Dans ces deux cylindres doubles se déplacent deux pistons, également à double diamètre, qui sont reliés par leurs bielles à un vilebrequin dont les manivelles sont calées à 180° l'une de l'autre.

Le corps de pompe a ainsi un volume variable compris d'une part entre les parois du cylindre, à l'endroit du plus grand alésage, et les parois du piston moteur, à l'endroit du plus petit alésage ; d'autre part, entre deux couronnes annulaires constituées par le diaphragme qui sépare les deux éléments d'alésages différents et par la surface annulaire du piston (différence entre la surface correspondant à l'alésage le plus grand et celle du piston moteur).

Les cylindres 1 et 2 forment deux pièces séparées, qui laissent entre elles un logement circulaire dans lequel viennent se placer deux segments circulaires *s*, destinés à assurer l'étanchéité entre les deux éléments d'alésages différents du cylindre, c'est-à-dire entre le cylindre moteur et la pompe.

Fonctionnement

Le mélange gazeux formé par un carburateur est aspiré par la tuyauterie *a*, munie d'un clapet de retenue K, dans la chambre annulaire inférieure d'un des cylindres. Lorsque le piston remonte, ce mélange est refoulé dans la chambre supérieure du cylindre voisin, au moment où son piston, atteignant sa position inférieure, découvre l'orifice A.

Le mélange gazeux vient alors frapper sur une partie relevée *d* du sommet du piston, qui a pour objet de rejeter ce mélange arrivant horizontalement, vers la culasse du cylindre (cette pièce est appelée déflecteur), ce qui a pour résultat de chasser les gaz brûlés détendus par l'orifice E qui a été découvert un peu avant l'orifice A.

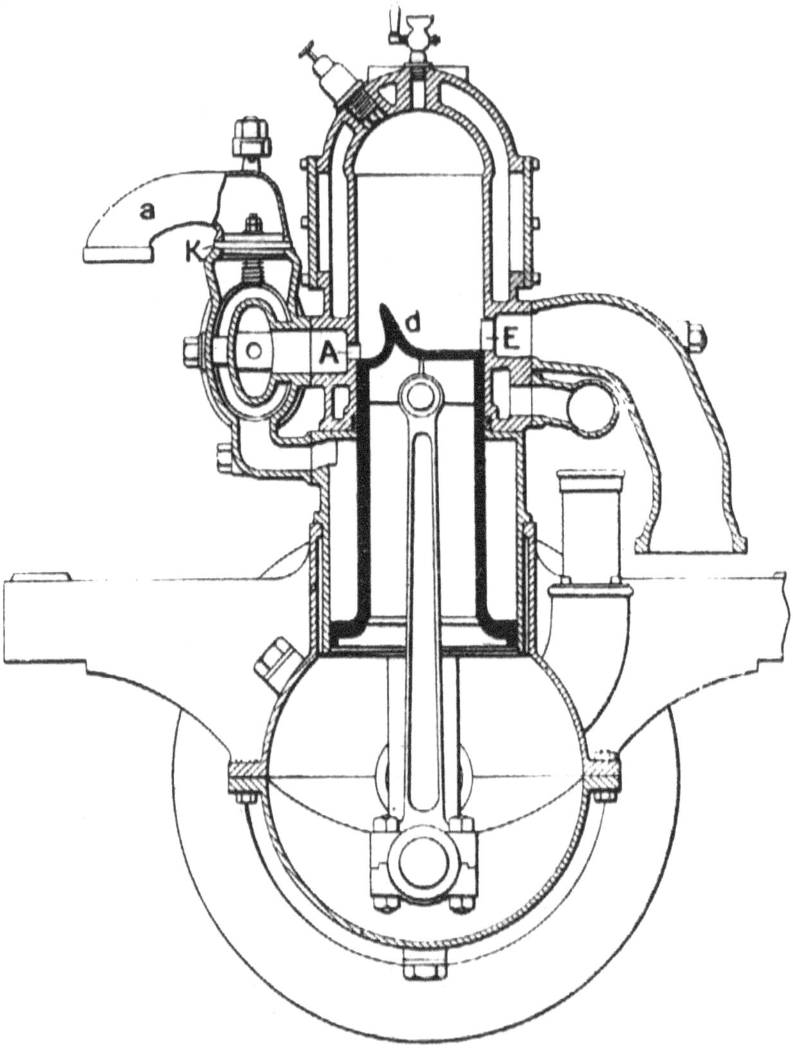

Fig. 10. — Coupe transversale du moteur Côte.

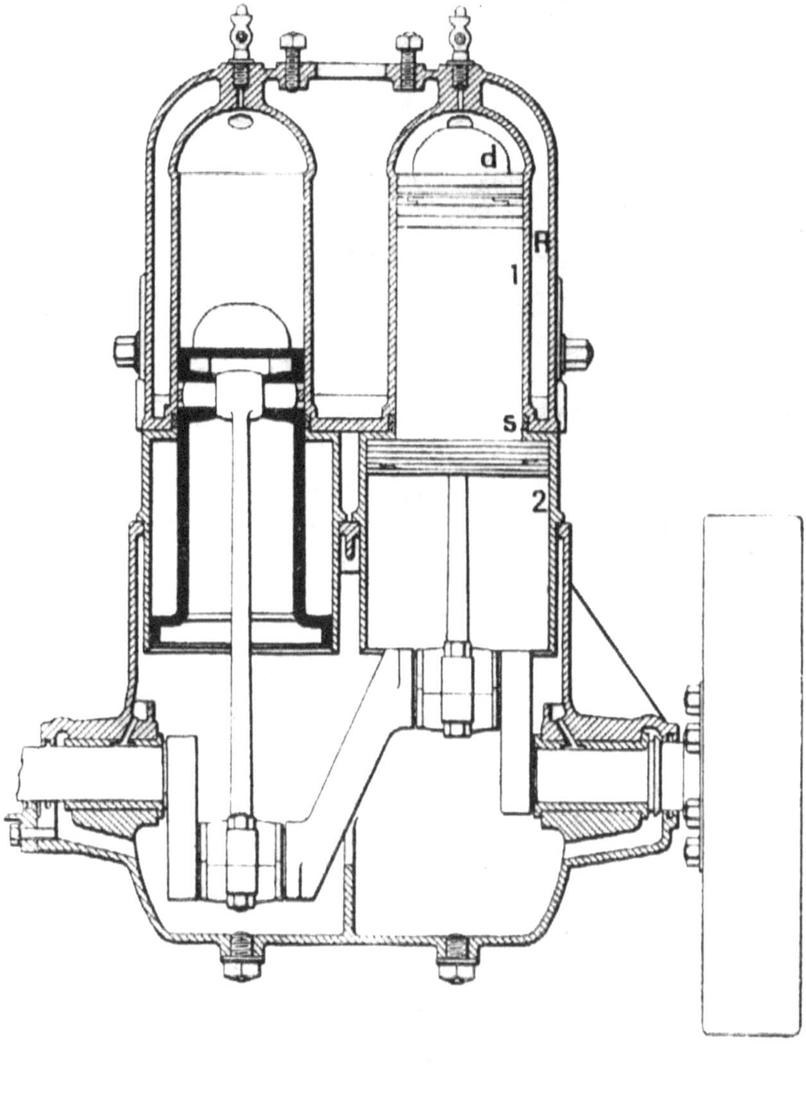

Fig .10 — Coupe longitudinale du moteur Côte.

Le piston, reprenant alors sa course ascendante, comprime au-dessus de lui le mélange gazeux qui est enflammé au moment voulu par l'étincelle d'une bougie placée au fond du cylindre.

Ce moteur est donc basé sur le principe compound. Deux cylindres sont nécessairement conjugués ; la pompe de gauche fournit le mélange gazeux au cylindre de droite et la pompe de droite au cylindre moteur de gauche.

Le rapport des volumes engendrés par les pistons, dans le cylindre du moteur et dans la pompe, est calculé en vue d'assurer le remplissage le plus parfait possible du cylindre moteur au moyen du mélange gazeux refoulé par la pompe.

Il est intéressant de rappeler qu'un moteur de ce type prit part avec un certain succès au Grand Prix de l'Automobile-Club de France en 1912. Ses caractéristiques étaient : alésage 90 millimètres, course 120 millimètres. Le nombre de tours par minute ne dépassait pas 1.500, alors que celui des moteurs des maisons concurrentes atteignait 2.500 et 3.000.

Résultats des essais effectués au Laboratoire de l'Automobile-Club de France, sur un moteur Côte bicylindrique de 100 mm d'alésage et 110 mm de course.

Vitesses angulaires en t : m	Puissances en chevaux mesurées au moyen du moulinet Renard
1.131	15,07
1.161	16,32
1.167	16,41
1.320	18,14
1.416	22.08
1.464	24,36
1.332	18,33
4.056	15,71
1.044	15,42

Dans le modèle 1910, les constructeurs du moteur Côte ont remplacé la soupape K par un dispositif ingénieux, tout à fait nouveau, de distribution des gaz frais aux cylindres conjugués (fig. 11).

Ce dispositif offre, par rapport à la soupape, des avantages certains ; en particulier il évite la contre-pression due à l'action du ressort de

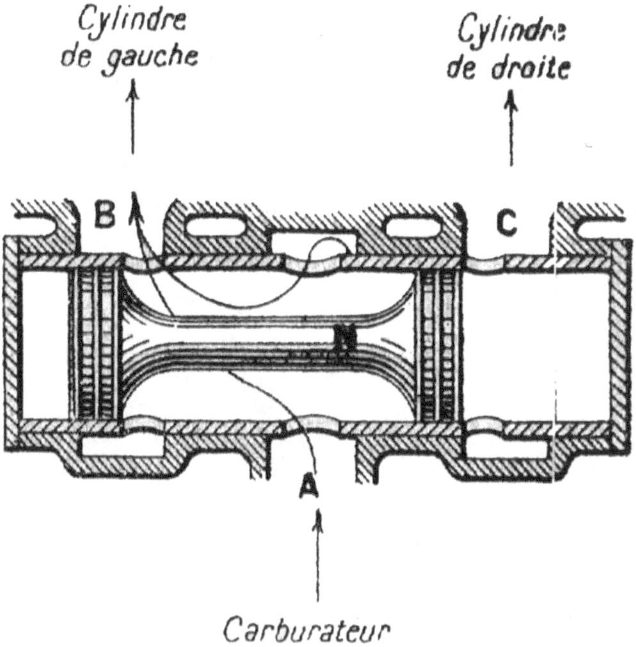

Fig. 11. — Distributeur de gaz frais dans le moteur Côte.

soupape ; d'autre part la surface de passage des gaz est plus considérable et le laminage des gaz est évité à l'ouverture et à la fermeture.

Un petit cylindre horizontal, en fonte, est en communication, par une lumière médiane A, avec le carburateur et, par les lumières B et C, avec l'un et l'autre des cylindres conjugués. Dans ce petit cylindre peut se déplacer une navette N, en acier, dont les dimensions sont telles que, lorsqu'elle démasque une des lumières, elle ferme l'autre. Le croquis représente cette navette dans la position qu'elle occupe au moment où la pompe du piston du cylindre de gauche arrive à fond de course d'aspiration.

Lorsque, dans le cylindre de droite, la pompe du piston commence à descendre, elle créera une dépression sur la face correspondante de la navette. La face du côté de A se trouvant à la pression atmosphérique, la navette sera aspirée vers la droite et établira une communication entre le carburateur et la pompe de gauche. Au demi-tour suivant, la navette sera rappelée à gauche. Pendant le fonctionnement normal, la navette prend un mouvement vibratoire très rapide ne produisant aucun bruit ni choc, puisque la navette est reçue, de chaque côté, par le coussin d'air qu'elle comprime après avoir fermé la lumière correspondante.

Le moteur **Victoria**, construit par M. Kolb (**brevet n° 369 221 du 25 août 1906**), est basé sur le même principe que le moteur Côte. Ce constructeur a, en outre, étudié un moteur à deux cylindres horizontaux opposés, alimentés de la même façon que dans son moteur à cylindres verticaux.

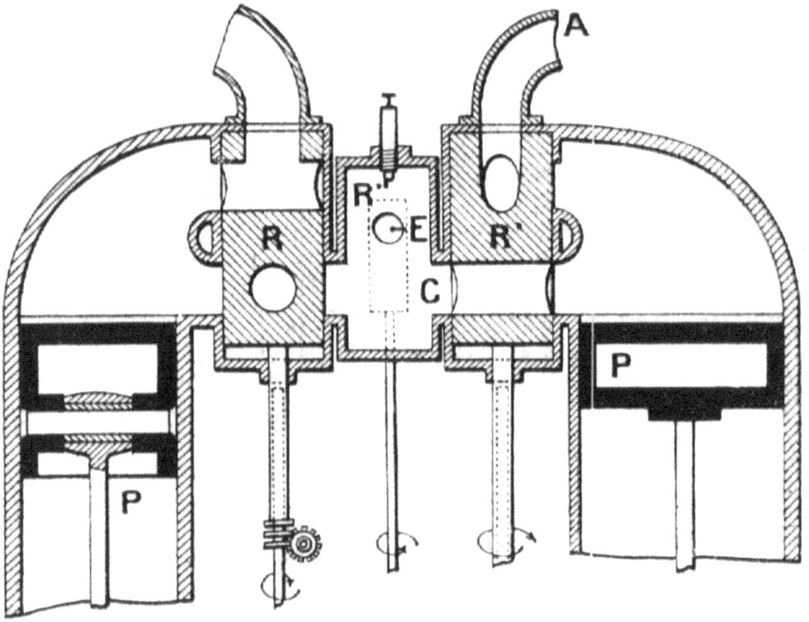

Fig. 12. — Schéma du moteur Carles.

Dans le moteur **Caries** (**brevet n° 369147 du 22 août 1906**), le piston moteur P et le piston pompe P' se déplacent dans deux cylindres conjugués, simultanément dans le même sens (fig. 12). La chambre d'explosion C se trouve entre les deux cylindres. Deux robinets R et R', commandés par l'arbre moteur au moyen d'engrenages, permettent d'établir une communication, le premier entre la chambre d'explosion C et le cylindre moteur ou ce dernier et l'échappement E, le second entre la chambre d'explosion et le cylindre compresseur ou entre ce dernier et le conduit d'aspiration A. L'orifice d'échappement E est également commandé par l'obturateur rotatif R''.

Ce moteur est évidemment difficile à réaliser tel qu'il est conçu par son auteur. La chambre d'explosion est hors de proportion avec l'espace nuisible du cylindre du moteur ; de plus, la force élastique des gaz brûlés serait mal utilisée, étant donné le faible diamètre du conduit ménagé dans le robinet R, mais ce moteur est caractéristique en ce sens que les gaz frais, comprimés par le piston P', ne subissent qu'une détente négligeable au moment de leur passage dans la chambre d'explosion C et cela semble avoir été la principale préoccupation de l'inventeur.

Le moteur **L. Chastannet** : ce moteur est caractérisé, au point de vue de son cycle, par la compression séparée de l'air pur et la distribution mécanique du combustible. Au point de vue mécanique, il est caractérisé par sa distribution à valve tournante, réalisant l'admission et l'échappement en combinaison avec les lumières démasquées à fond de course (fig. 13).

Le mélange tonnant comprimé est admis par la valve au moment où le piston achève sa course ascendante. L'admission cesse au point mort, de sorte qu'il n'y a pas compression par le piston moteur. L'espace nuisible se trouve alors rempli de mélange comprimé à la pression du compresseur. L'allumage est effectué sitôt après la fermeture de l'admission, et les gaz Se détendent jusqu'à ce que l'échappement commence, par les lumières situées à fond de course. Ces lumières recouvertes par le piston, l'échappement se continue par l'orifice démasqué par la valve, de sorte qu'il y a expulsion complète des gaz brûlés jusqu'à l'admission sous pression du mélange.

En se reportant à la coupe longitudinale, on voit que les trois cylindres du moteur sont coulés d'une pièce avec leur enveloppe commune, et montés sur un bâti fermé supportant à l'avant le compresseur *b* et la pompe à combustible *c*.

Le vilebrequin à trois coudes à 120° commande à l'arrière, par un engrenage hélicoïdal *d* et un arbre vertical *e*, d'une part la pompe à huile *f*, pour le graissage forcé et, d'autre part, toute la distribution.

Celle-ci comporte une valve tournante *g* à circulation d'eau par son canal central *h*. La pompe centrifuge *i* est montée au bout de la valve et aspire par le canal *h* lui-même.

Le refoulement *j* de la pompe est d'ailleurs disposé de façon à aider la circulation générale autour du compresseur et des cylindres.

Le compresseur, commandé par engrenages *k* et *l*, tourne une fois et demie plus vite que le moteur.

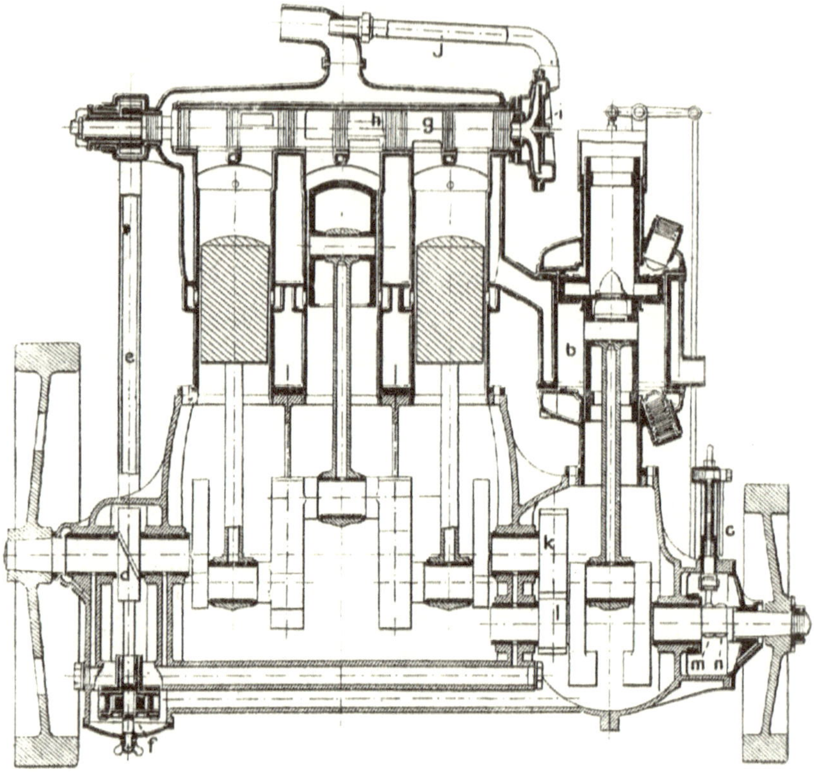

Fig. 13. — Coupe longitudinale du moteur Chastannet.

L'aspiration se fait par l'intérieur du piston creux et de sa tige supérieure. Les soupapes automatiques sont annulaires et à double siège concentrique aux pistons. Elles ont une levée très faible et un grand débit. Elles n'ont pas de ressort et obéissent simplement aux différences de pression et à l'inertie. Le refoulement se fait à travers quatre soupapes pour chaque fond du cylindre.

La pompe à combustible *c*, à course variable, est actionnée par les excentriques *m*, *n*, dont l'un *m* commande, par un secteur mobile, le piston de la pompe, et l'autre *n* le robinet d'aspiration et de refoulement.

La carburation de l'air s'effectue dans le trajet du compresseur à la valve. La compression de l'air peut être effectuée au moyen d'un ventilateur ; nous en trouvons un exemple dans le moteur **Junkera** (**brevet n° 378 317 du 8 mai 1907**). Ce moteur comporte un dispositif permettant l'alimentation à pression constante en air comprimé, cet air servant à la fois à former le mélange gazeux et à produire l'expulsion partielle des gaz brûlés (fig. 14).

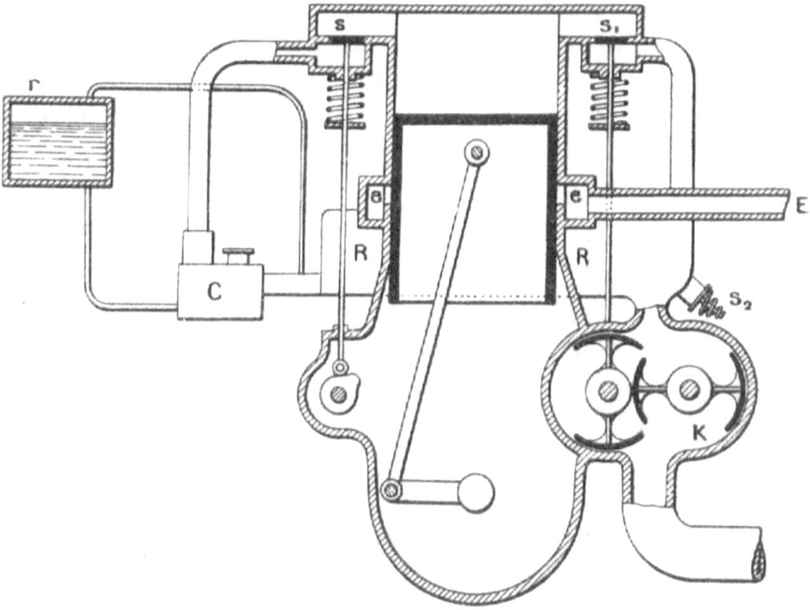

Fig. 14. – Schéma du moteur Junkera.

Ce dispositif est le suivant : la partie supérieure du cylindre est munie de deux soupapes commandées ; l'une S sert à régler l'admission de l'air carburé, l'autre S_1 l'admission de l'air pur. R est un réservoir dans lequel le compresseur d'air K établit une certaine pression, maintenue constante par la soupape automatique S_2. Ce réservoir communique avec le carburateur C et le réservoir d'essence *r*. Le carburateur fonctionne sous une certaine pression, comme il fonctionnerait sous la pression atmosphérique.

Enfin, des lumières d'échappement *e* sont ménagées dans la paroi du cylindre ; ces lumières débouchent dans le collecteur E. Le fonctionnement de ce moteur peut être facilement compris par l'examen de la figure.

Le moteur **Sohnlein** (**brevet n° 347 719 du 7 novembre 1904**) comporte également un collecteur. Pour éviter les pertes de combustible, ce constructeur isole le combustible de l'air pendant l'aspiration et la compression préalable. Le collecteur est muni, à l'une de ses extrémités, d'une soupape pour l'introduction du combustible : l'autre extrémité présente un orifice qui communique avec le canal allant du collecteur à la chambre d'explosion.

Cet orifice sert simultanément à deux fins : par là vient l'air de la pompe de chargement, c'est-à-dire du carter : par là, également, sortie mélange explosif préparé. Les dimensions du collecteur sont calculées de façon qu'il puisse renfermer le volume de mélange nécessaire au remplissage d'une cylindrée.

Dans le moteur de MM. **Strock** (**brevet n° 363 840 du 5 mars 1906**), on retrouve également une capacité, distincte du cylindre, dans laquelle une pompe accumule le mélange gazeux. MM Strock pensent qu'il est nécessaire, pour donner au moteur à deux temps un fonctionnement convenable, de remplir les espaces morts du cylindre (chambre de compression et chambre d'explosion) le plus rapidement possible avec des gaz possédant une pression suffisante pour que leur inflammation soit immédiate.

Avec une telle distribution, le fonctionnement du moteur devient comparable à celui de la machine à vapeur, la chaudière étant remplacée par un accumulateur du mélange gazeux comprimé, intercalé entre la pompe de compression et le cylindre de travail. Ce réservoir doit être d'une capacité assez grande et toujours rempli de mélange sous pression ; il communique avec la pompe de compression par un tube muni d'une soupape de retenue et, avec le cylindre de travail, par un autre tube renfermant une soupape équilibrée, commandée, permettant l'admission du mélange comprimé dans le cylindre au moment où il doit être enflammé.

Pour compenser aussi complètement que possible la perte de travail résultant de la détente du mélange comprimé au moment de son admission, MM. Strock ont étudié une distribution telle que l'introduction, dans le réservoir, du mélange comprimé dans la pompe se fait au même instant que l'admission dans le cylindre de travail et que la pression reste constante dans le réservoir.

Le brevet **Lunet** et **Lemetais** (**n° 337 406 du 30 novembre 1903**) est basé sur les mêmes considérations, c'est-à-dire la formation d'un mélange explosif dont le degré de compression préalable et, par suite, la pression d'explosion sont toujours les mêmes pour toutes les introductions, qu'elles soient grandes ou petites.

Dans le moteur **Morrow** (**brevet n° 398 439 du 12 janvier 1909**), deux cylindres compresseurs superposés sont aménagés entre les deux cylindres moteurs. Ces cylindres compresseurs sont placés dans le prolongement l'un de l'autre, de sorte que les deux pistons sont montés sur une même tige. Leur mouvement est commandé par une manivelle calée sur l'arbre moteur.

Dans le moteur **Simonet** (**brevet n° 341 574 du 24 mars 1904**), un seul cylindre compresseur a été prévu pour l'alimentation de deux cylindres moteurs. On rencontre une disposition analogue dans le moteur **Billard** et dans le moteur **Prini** et **Berthaud** (brevet n° 413 123 du 2 février 1910).

Dans le moteur Billard, les deux cylindres sont alimentés au moyen d'une pompe à double effet. La tige de piston de cette pompe reçoit son mouvement du volant. À cet effet, dans ce dernier, est pratiquée une rainure dont le but est de guider un galet solidaire de la tige du piston. La rainure est hélicoïdale, de telle sorte que le galet est animé d'un mouvement de va-et-vient. La rainure est tracée de telle façon qu'il y ait deux points morts (un pour chaque cylindre) et que la pompe se trouve dans sa période de refoulement jusqu'à la fermeture complète de la lumière d'admission par le piston moteur.

Dans ce moteur, le conduit d'admission débouche obliquement dans le cylindre par rapport à l'axe de ce dernier. L'axe du conduit d'échappement fait le même angle avec l'axe du cylindre; le constructeur pense éviter ainsi toute sortie de gaz frais par l'orifice d'échappement

On retrouve une pompe analogue dans le moteur **Rondeau** (**brevet n° 374 978 du 28 février 1907**), mais le mouvement alternatif du piston de la pompe est obte-

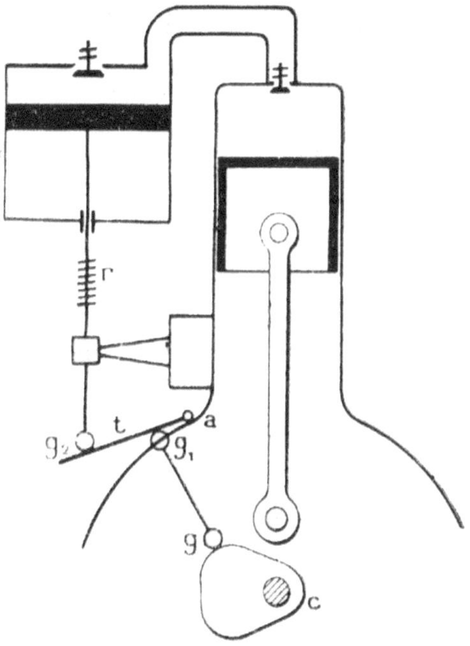

Fig. 15. - Schéma d'un moteur Rondeau.

nu au moyen d'un jeu de cames et de galets ainsi que cela est représenté sur la figure 15. L'arbre moteur entraîne la came *c* ; sur le profil de cette came vient le galet *g* ; le galet g_1 fait osciller la tige *t* autour du point *a*, ce qui a pour effet de donner au galet *g* un mouvement alternatif vertical. La tige du piston de la pompe est constamment sollicitée de haut en bas par le ressort *r*.

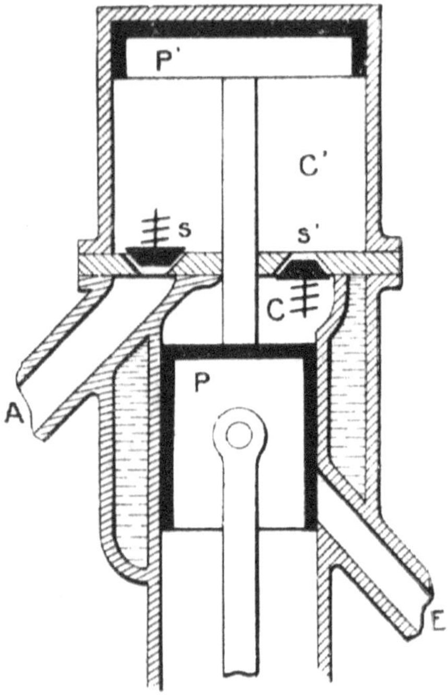

Fig. 16. — Schéma du moteur Cellérier.

Les moteurs dans lesquels la partie inférieure du cylindre a été transformée en une pompe sont en moins grand nombre que les précédents, les inventeurs ayant compris que, dans ces systèmes, la pompe travaillait dans des conditions assez défavorables.

À titre d'exemple, nous citerons le moteur **Cellérier** (**brevet n° 368 825 du 13 août 1906**), dans lequel les deux pistons sont montés en tandem (fig. 16). Le piston supérieur P' sert de pompe ; il est d'un diamètre plus grand que le piston moteur P. Deux soupapes automatiques *s* et *s'* servent, la première à l'introduction du mélange gazeux dans l'espace C', la seconde au transvasement du mélange de la chambre C' dans la chambre C. Le mélange gazeux est ainsi introduit dans la chambre d'explosion sans compression exagérée ; il contribue à l'expulsion des gaz brûlés de l'explosion précédente par l'orifice E.

Le moteur **Enderby** et **Johnson** (**brevet n° 408 07 7 du 19 octobre 1909**) comporte également un cylindre-moteur et un cylindre-pompe placé dans le prolongement l'un de l'autre, mais la communication entre les deux est établie par la tige commune aux deux pistons. Cette tige est creuse ; elle est percée d'ouvertures convenables permettant d'établir la communication au moment voulu.

Dans cette catégorie se trouve également le moteur Hélium ; c'est un moteur à double effet.

Dans ce moteur, le cylindre est d'une seule pièce et comporte deux alésages (fig. 17). Les deux parties de ce cylindre sont séparées par un fond F comportant une garniture à segments étanches. Dans la partie supérieure se meut un piston P1 creux, muni de deux déflecteurs, un sur chacune des faces. Dans la partie inférieure se déplace un second piston P2 faisant office de pompe à gaz. Les deux pistons sont montés en tandem. L'alésage de la pompe est calculé de façon que cette dernière puisse débiter un volume de gaz suffisant pour alimenter deux cylindrées motrices qui, alternativement comprimées dans les culasses opposées du cylindre moteur, travaillent alternativement sur chaque face du piston.

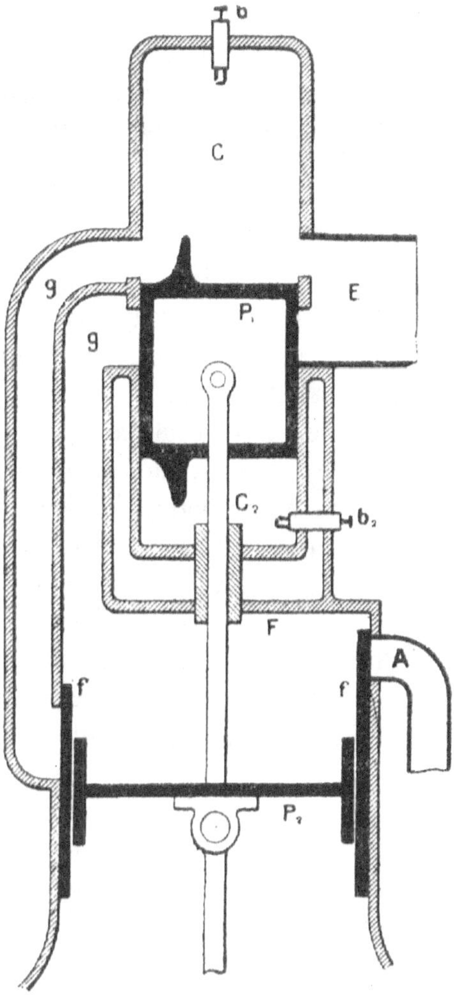

Fig. 17. — Schéma du moteur Hélium.

L'ensemble du piston moteur, de la tige et du piston pompe est relié au coude du vilebrequin au moyen d'une biellette articulée sur la chape portée par la tige.

La distribution dans la partie moteur ne comporte aucun organe spécial et, seules, les fermetures des orifices d'admission et d'échappement, produites par le déplacement du piston, forment les temps d'admission et d'échappement. Quant à la distribution du refoulement de la pompe à gaz, elle est produite par un fourreau cylindrique *f*, placé entre le piston pompe et le cylindre. Ce fourreau, animé d'un faible mouvement alternatif, est commandé par un excentrique calé sur le vilebrequin, à 90° du maneton ; il découvre à l'aspiration une ouverture A vers le carburateur, et la referme pour le refoulement, tandis qu'il ouvre l'orifice opposé de refoulement.

Fonctionnement

Considérons la position des pistons figurés sur le schéma. Le piston moteur étant au bas de sa course, la cylindrée motrice C_1, qui vient de se détendre, évacué ses gaz brûlés par E, tandis que les gaz frais, comprimés préalablement en *g*, viennent frapper sur le déflecteur supérieur qui les renvoie vers le fond du cylindre supérieur. À ce moment, la cylindrée C_2 est comprimée et va être allumée par la bougie b_2.

Quant au piston pompe P_2, il vient d'aspirer par A du mélange gazeux venant du carburateur. En remontant, ce piston refoulera dans les conduits *g* et g_1 les gaz frais qui rempliront alternativement les capacités C_1 et C_2. Le fourreau *f* venant d'obturer le conduit *g*, l'aspiration pourra se produire à nouveau par le conduit A qui sera découvert.

Le moteur monocylindrique, dont le principe vient d'être décrit, a été étudié comme moteur d'automobile ; il est refroidi par circulation d'eau.

Le moteur d'aviation comporte trois cylindres semblables assemblés par un carter circulaire. Ils sont à 120° les uns de autres et produisent six explosions par tour. Les trois pompes de ces trois cylindres refoulent alternativement les gaz frais comprimés dans une tubulure commune n forme de tore. Ces gaz sont envoyés, sous une faible pression, dans les cylindres au fur et à mesure des ouvertures des orifices d'admission.

Un carburateur est adapté sur l'arbre creux fixe du moteur ; le mélange gazeux est aspiré, au travers d'un distributeur tournant autour de l'arbre reliant, par trois branchements, les orifices d'aspiration des trois pompes.

Les mêmes constructeurs ont établi un moteur dit *dégyroscopé*, comportant deux groupes de trois cylindres tournant en sens inverse l'un de l'autre. Le premier groupe transmet au second le travail qu'il développe au moyen d'un train d'engrenages et de satellites.

Enfin, toujours sur le même principe, les constructeurs du moteur **Hélium** ont établi un moteur fixe à 3 ou 5 cylindres disposés en étoile autour du carter, et dans un même plan. Ces cylindres sont munis d'ailettes et leur refroidissement est assuré par l'air seul.

Le moteur Laurent-Champrosan (**brevet n° 396 849 du 27 novembre 1908**) est établi de façon à réaliser une expulsion complète des gaz brûlés et à ne perdre qu'un très faible travail, par la détente des gaz frais comprimés au moment de leur introduction dans la chambre d'explosion.

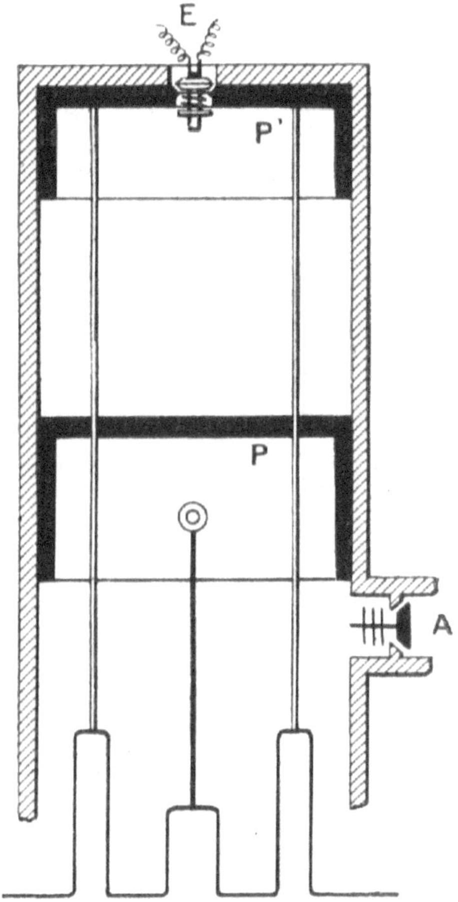

Fig. 18. – Schéma du moteur Laurent-Champrosan.

Dans le cylindre se trouvent deux pistons, le piston moteur P et un piston P' dit *écouvillon* (fig. 18). Les tiges de P' traversent à frottement doux le piston P. Le mouvement relatif des deux pistons est étudié de la façon suivante : le piston P' se rapproche de P ou s'en éloigne, de façon que les quatre opérations du cycle soient effectuées pendant un tour de l'arbre moteur. À cet effet, le piston P' décrit la même course que P, mais dans un temps moitié moindre. Ce résultat est obtenu au moyen de cames et par un décalage de manivelles. En conséquence, le piston P effectue la propulsion et la compression (au-dessus de lui) tandis que, dans l'intervalle, le piston P' effectue l'aspiration par A et l'échappement par E.

Le fonctionnement est le suivant : au moment de l'explosion (qui alimente les pistons), P' reste à fond de course et maintient fermé l'orifice d'échappement en appliquant sur son siège la soupape-bougie ; P' reste en place jusqu'à ce que l'arbre ait tourné de 70° ; à ce moment, il commence à descendre et l'échappement commence à se produire. Le piston P', remontant avant que P ait obturé la lumière d'admission A, provoque l'aspiration du mélange gazeux.

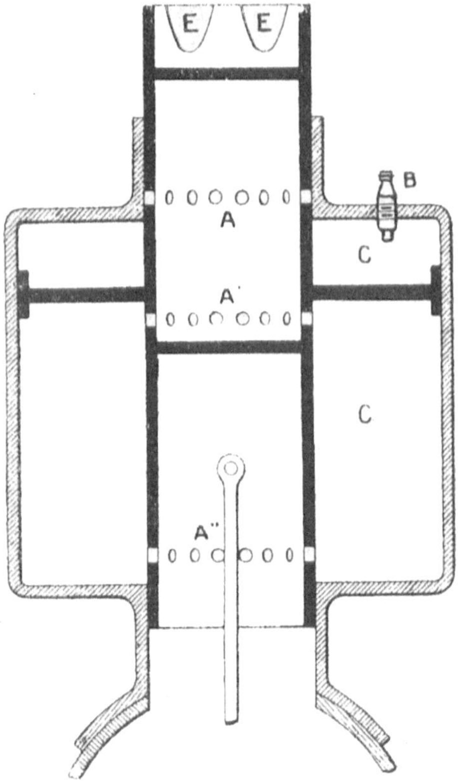

Fig. 19. — Schéma du moteur de la Société des moteurs Gnôme.

Dans le moteur breveté par la Société des moteurs Gnome (**brevet n° 409 580 du 24 novembre 1909**), chaque piston est constitué de la façon suivante : un tube cylindrique comportant deux cloisons transversales formant deux chambres, l'une supérieure portant deux séries de lumières A et A', l'autre inférieure, ouverte à sa base vers le carter et portant une série de lumières A'' (fig. 19). À sa partie supérieure, le piston porte une crénelure permettant, à fond de course, la formation de lumières ainsi que l'indique le détail de la figure. Le piston porte, vers sa partie médiane, un prolongement annulaire de telle façon qu'il peut former deux chambres dans la partie du cylindre de grand alésage. Les parties supérieure et inférieure du cylindre sont d'alésages moindres et servent de guidage au piston.

Voici comment fonctionne ce moteur :

Dans la position figurée, le mélange gazeux est comprimé dans la chambre C et la bougie B va enflammer le mélange.

Lorsque l'explosion aura eu lieu, le piston descendra, l'échappement des gaz brûlés se produira, à fond de course, par les orifices E. En remontant, le piston aspirera les gaz frais du carter dans la chambre C' et ceux-ci passeront dans la chambre C par les lumières A' et A. Lorsque les lumières A seront obturées, la chambre C sera fermée et la compression commencera.

Il nous faut faire figurer, dans une catégorie spéciale, les moteurs à cylindres conjugués, dans lesquels la compression du mélange gazeux est bien effectuée en dehors du cylindre moteur, mais où cette opération est assurée par un autre cylindre qui est lui-même moteur.

Dans cette catégorie, on trouve un certain nombre de moteurs destinés à l'aviation.

Dans le moteur **Dieudonné** (**brevet n° 409 453 du 20 novembre 1909**), c'est dans la partie supérieure du cylindre que s'effectue la compression du mélange gazeux. C'est un moteur rotatif pour l'aviation (fig. 20).

Chaque cylindre, à deux alésages, contient deux pis-tons P et p dont l'un, P, a deux diamètres. Le piston inférieur est moteur, l'autre sert à l'aspiration et à la compression des gaz frais, ainsi qu'à l'échappement des gaz brûlés.

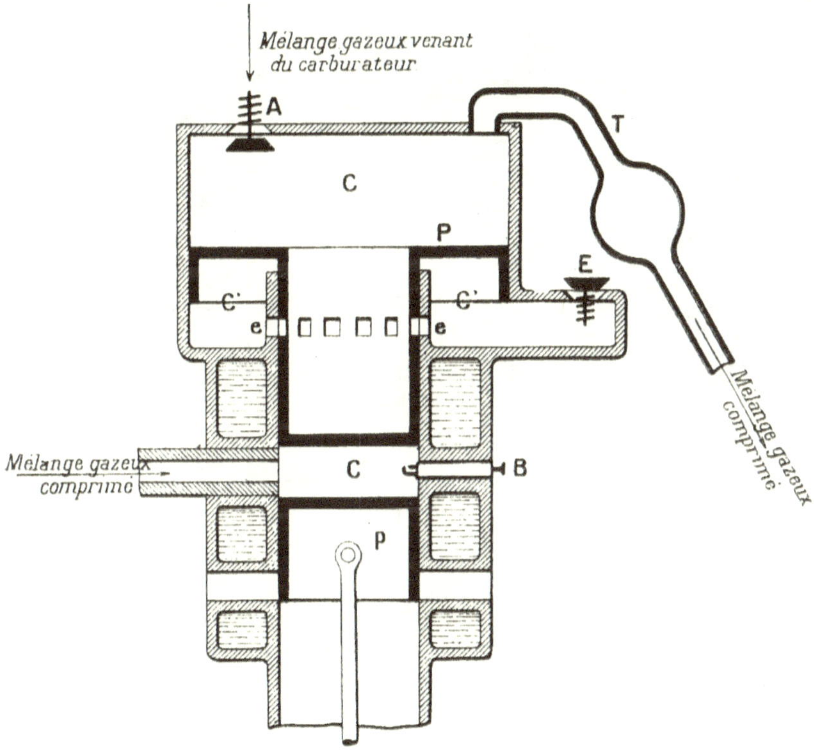

Fig. 20. – Schéma du moteur Dieudonné.

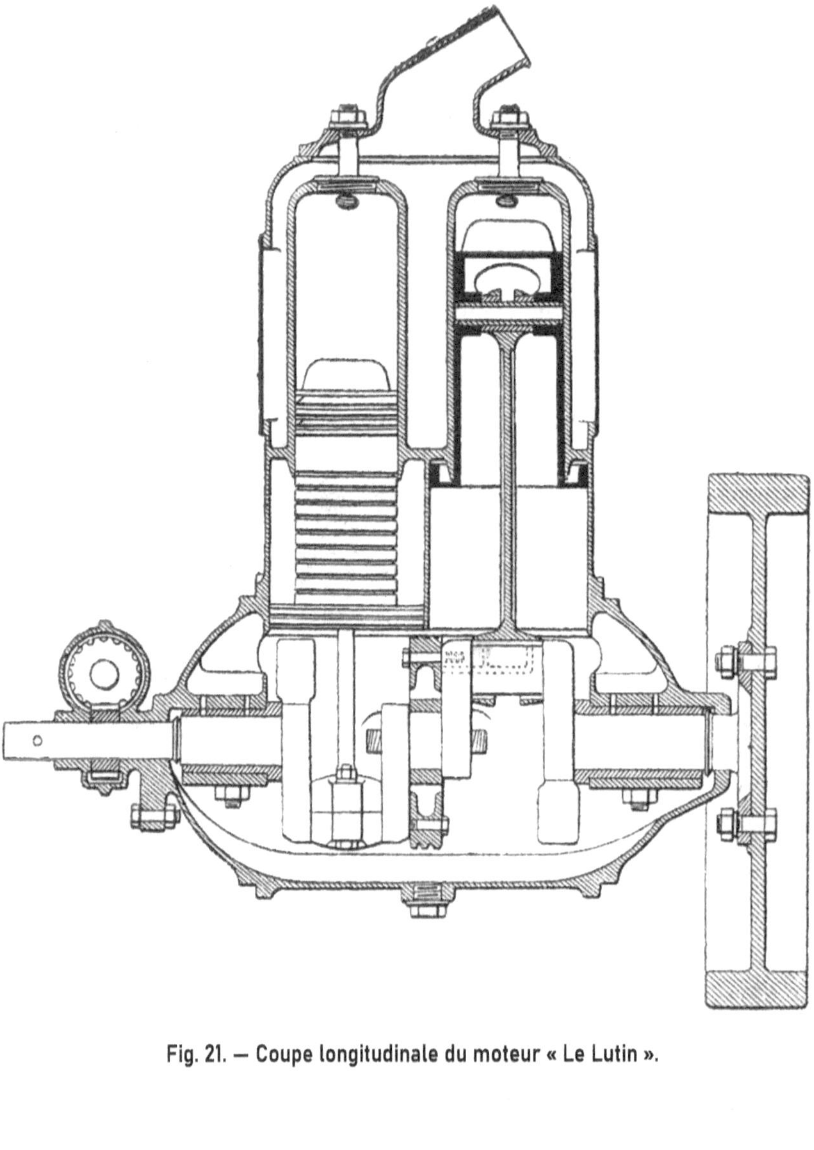

Fig. 21. – Coupe longitudinale du moteur « Le Lutin ».

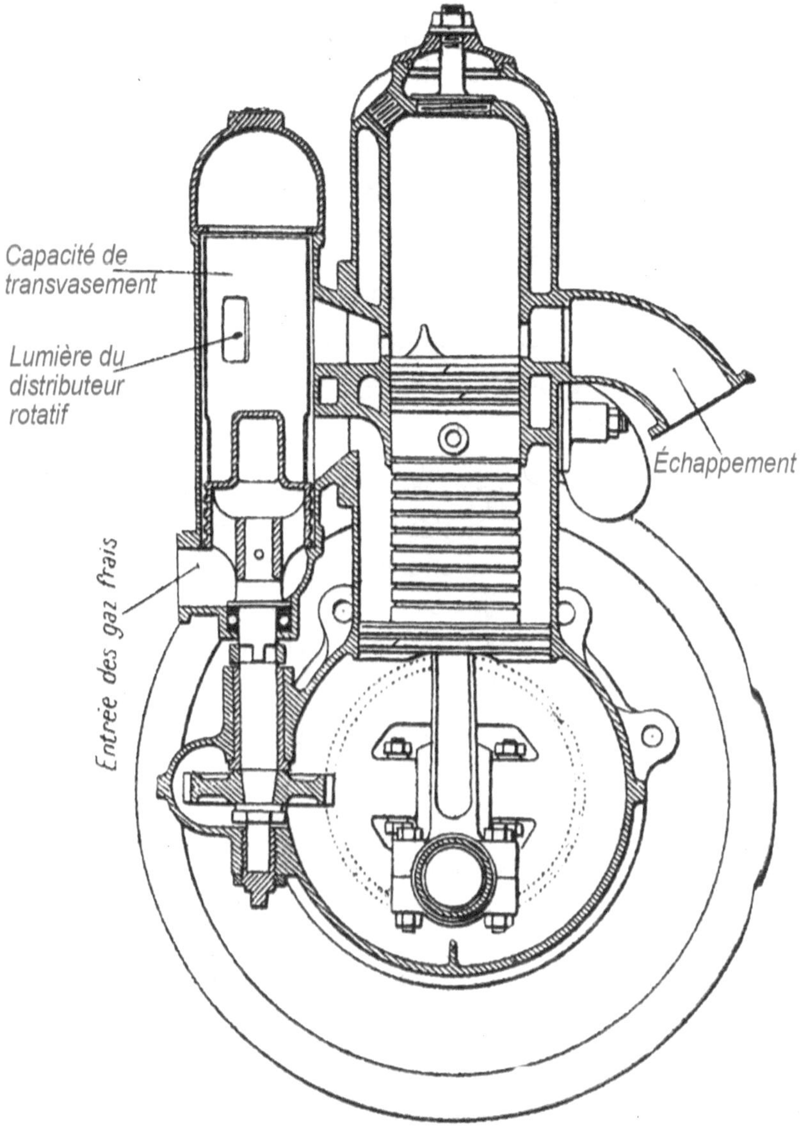

Fig. 21. — Coupe transversale du moteur « Le Lutin ».

L'aspiration a lieu dans la chambre C au travers de la soupape A. La compression est faite dans la même chambre et le mélange comprimé envoyé dans la chambre d'explosion du cylindre suivant par le tube T.

La chambre d'explosion *c* est comprise entre les deux pistons. L'échappement se fait par les orifices *e*, puis par la soupape E. On remarquera que, dans ce moteur, le mélange comprimé n'est pas détendu au moment de son passage dans la chambre d'explosion

Examinons maintenant son fonctionnement.

Supposons que la chambre *c* soit remplie de gaz frais comprimés, la chambre C est alors remplie de gaz frais. Lorsque l'explosion a lieu, les pistons s'écartent. Le piston supérieur, en s'élevant, crée une dépression dans la chambre C' et, lorsque la partie inférieure de ce piston découvre les lumières *e*, les gaz brûlés se précipitent dans la chambre C'. En même temps, le piston P comprime au-dessus de lui les gaz frais contenus dans la chambre C et en envoie une partie dans la chambre d'explosion du cylindre voisin.

Lorsque les pistons se rapprochent (le piston supérieur est ramené à sa position inférieure par l'effet de la force expansive des gaz frais qu'il a comprimés au-dessus de lui et dont il n'a envoyé qu'une partie dans le cylindre voisin) l'admission se continue jusqu'à ce que les orifices d'échappement *e* soient recouverts. Ensuite, commence la compression dans la chambre d'explosion *c*. Lorsque le piston P est revenu dans sa position inférieure, les gaz d'échappement contenus dans la chambre C' ont été presque complètement évacués par E.

Le moteur est constitué par plusieurs cylindres ainsi établis groupés en étoile. Ils tournent autour du vilebrequin qui reste fixe.

Le moteur **Pollet** et **de Coquereaumont**, connu sous le nom de « *Le Lutin* » (fig. 21 et 22), offre d'intéressantes dispositions. Ce moteur se compose d'un ou de plusieurs éléments qui comprennent chacun un cylindre proprement dit et une pompe.

Le schéma ci-dessus permet de suivre les mouvements des gaz et des organes dans les différentes phases du cycle.

Supposons en 1 (fig. 22) la chambre d'explosion C remplie de gaz ; l'étincelle passe, la détente des gaz pousse le piston ; mais pendant ce temps, la capacité annulaire A, qui sert de pompe, augmente de volume; comme le boisseau D la met en ce moment en communication avec le carburateur, elle se remplit de gaz.

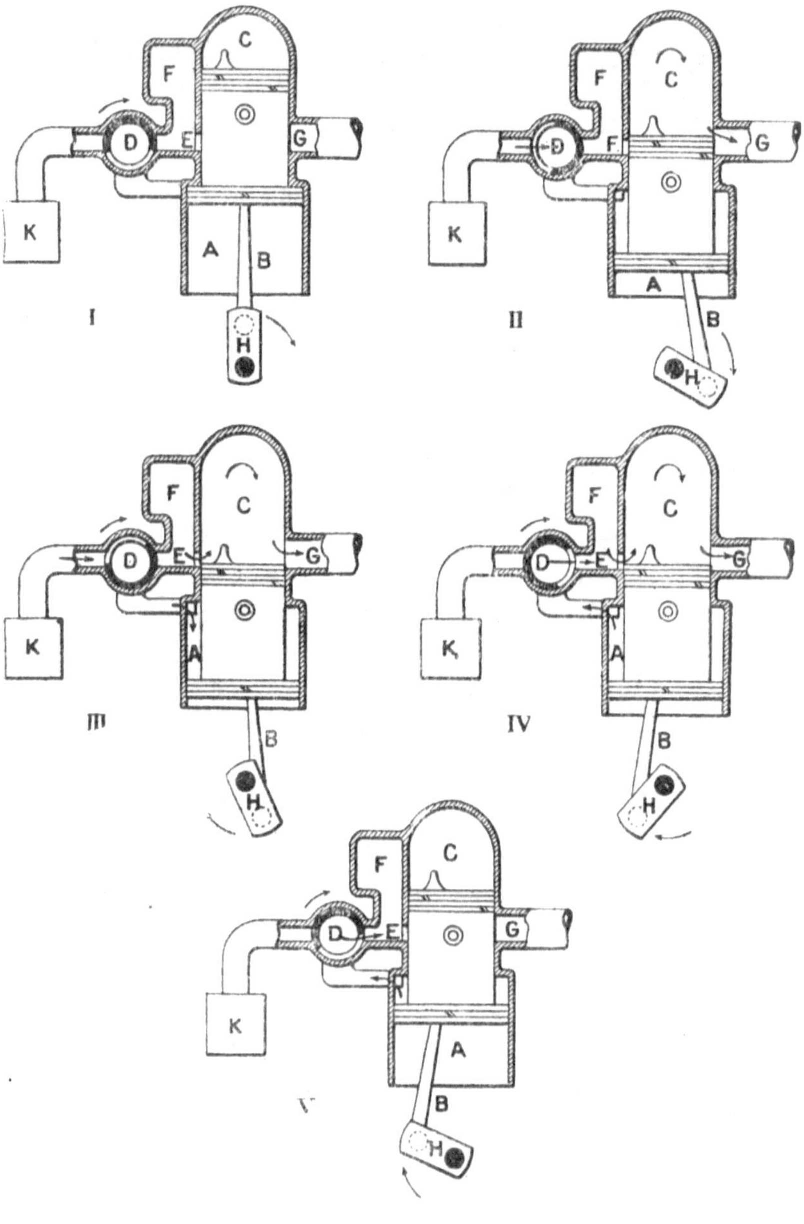

Fig. 22.

Quand le piston va être arrivé à la position du schéma 2, il va découvrir l'orifice d'échappement C, et les gaz brûlés, qui sont encore sous pression, vont s'échapper, en sorte qu'il ne restera plus dans le cylindre que des gaz brûlés à la pression atmosphérique ; la pompe continue d'aspirer.

Dans la position du schéma 3, le piston descendant toujours à découvert l'orifice d'admission E. Comme nous le verrons plus loin, la pompe a légèrement comprimé dans la capacité intermédiaire F un volume de gaz combustible égal à une cylindrée de notre moteur, ce gaz va donc chasser le gaz brûlé qui remplit encore le cylindre et se substituer à lui. Le déflecteur empêche les gaz neufs de partir directement par l'orifice d'échappement et l'oblige en le dirigeant vers le haut, à aller remplir le fond du cylindre. Le remplacement dans le cylindre des gaz brûlés par les gaz neufs se nomme l'échange des gaz. Dans cette position 3 la pompe aspire encore au carburateur.

Dans la position 4, au cylindre, l'échange des gaz se continue, mais le piston remonte et la pompe refoule. Le distributeur D a tourné de manière à couper la communication entre la pompe et le carburateur, et à ouvrir le passage entre la pompe et la capacité intermédiaire F ; les gaz qui ont été aspirés par la pompe sont donc refoulés dans la capacité intermédiaire où ils acquièrent une légère pression.

Dans la position 3, la pompe continue à refouler les gaz dans la capacité intermédiaire, mais le piston en remontant ayant bouché les orifices d'admission et d'échappement du cylindre C, celui-ci constitue une capacité close où le piston de cylindre comprime les gaz ; quand le piston est en haut de course, nous nous trouvons à nouveau au schéma 1, les gaz sont comprimés, l'étincelle passe, et le cycle recommence.

Les constructeurs du Lutin ont trouvé au moteur ainsi constitué quelques défauts :

On a vu que la pompe refoule les gaz dans une capacité intermédiaire, or cette compression nécessite naturellement un certain travail qui ne sera point restitué, c'est donc une perte qu'il y a lieu d'éviter. Le gaz, ainsi abandonné à lui-même pendant près d'une demi-course dans la capacité intermédiaire, tend à se dissocier ; l'essence, plus lourde, tombe dans le bas, alors que le haut reste plein d'air pur très pauvrement carburé. Il en résulte des irrégularités de carburation nuisibles à la puissance du moteur et à son rendement.

Afin de pallier cet inconvénient MM. Pollet et Coquereaumont ont pris la disposition suivante. Ils composent leur moteur de deux groupes, cylindre-pompe calés à 180° et alimentés par une seule capacité intermédiaire et un seul distributeur qui dessert successivement les deux pompes et les deux cylindres, en sorte que, puisque le piston-pompe du 1 remonte pendant que le piston de cylindre du 2 descend et réciproquement, l'alimentation des cylindres se fait par transvasement direct; il n'y a presque plus de compression dans la capacité intermédiaire qui peut être fort réduite en volume et les gaz, n'y séjournant plus, ne peuvent s'y dissocier.

Mais si l'on se reporte à la figure on voit en outre que l'orifice d'admission s'ouvre un temps très court après l'orifice d'échappement. Or, nous avons supposé que, pendant ce temps très court, les gaz brûlés en surpression étaient sortis par l'orifice d'échappement et que, les gaz brûlés restant étaient tombés à la pression atmosphérique.

Les constructeurs du Lutin ont constaté que si cette hypothèse se vérifiait aux basses allures du moteur, il n'en était plus de même aux régimes élevés auxquels un moteur d'automobile est appelé à tourner.

À ces régimes, la pression n'a pas le temps de tomber entre l'ouverture de l'orifice d'échappement et l'ouverture de l'orifice d'admission, en sorte que, au moment de l'ouverture de ce dernier orifice, une certaine quantité de gaz brûlés va se répandre dans la capacité et se mêler aux gaz neufs. Or, le volume de gaz préparé par la pompe étant juste égal à la contenance du cylindre, le volume de ce mélange de gaz brûlé et de gaz neuf est plus grand que la contenance du cylindre, et, au moment de l'échange des gaz, une partie de ce mélange, ne trouvant point place dans le cylindre, sortira directement par l'orifice d'échappement ; donc perte de puissance et consommation exagérée.

Pour éviter cet inconvénient les constructeurs du Lutin ont pris le parti de desservir l'admission au cylindre par un distributeur, mais sans augmenter le nombre des pièces en mouvement, ils ont employé le distributeur rotatif déjà existant et l'ont percé d'une fenêtre de plus. Quand cette fenêtre vient en regard d'une lumière percée dans la paroi de la chambre du distributeur, le chemin est ouvert aux gaz entre la capacité intermédiaire (constituée ici par le distributeur cylindrique lui-même) et le cylindre. Le constructeur est donc maître de retarder suffisamment l'entrée des gaz frais, pour être sûr qu'il n'y aura pas diffusion avec les gaz brûlés ou échappement direct ; il peut, d'autre part, laisser l'admission ouverte assez longtemps pour ne rien perdre du volume de sa cylindrée.

Les résultats suivants ont été obtenus avec ce type de moteur. Un châssis Lutin du type 12 chevaux, à deux cylindres de 90 d'alésage et 110 de course, du poids de 600 kilogrammes environ, d'une carrosserie confortable portant le poids total à 1000 kilogrammes, atteint en palier une vitesse de 70 kilomètres à l'heure, ce qui correspond à une puissance du moteur d'environ 20 HP.

Dans le moteur rotatif **Laviator**, les pistons possèdent une embase et se déplacent dans des cylindres, à deux alésages, disposés en étoile à 120°, l'un et l'autre, autour d'un arbre fixe. L'aspiration est faite dans le carter, à travers l'axe creux qui est fixe, sous l'influence de la dépression causée par le déplacement des pistons.

Un distributeur rotatif D règle l'admission dans le carter (fig. 23). Les gaz frais sont comprimés dans les chambres C' et dans les tubes T qui font communiquer chacune des chambres C' avec la chambre C du cylindre voisin. L'ouverture d'admission A d'un des cylindres étant découverte au moment où le piston du cylindre voisin remonte, le transvasement des gaz frais a lieu sous une faible pression, ce qui est favorable au point de vue du rendement, ainsi que nous l'avons montré d'autre part.

Le balayage des gaz brûlés se fait comme dans la plupart des moteurs à deux temps : la lumière d'échappement E est placée, à fond de course, en regard de la lumière d'admission A et la partie supérieure du piston est munie d'un déflecteur.

Un moteur basé sur ce principe, comportant six cylindres en étoile, mais fonctionnant comme moteur fixe, refroidi par eau, a été soumis à de nombreux essais. Les chiffres suivants nous ont été communiqués par M. Colmant :

Nombre de tours par minute	Puissances en chevaux
1.200	68
1.340	77
1.380	85
1.510	80

Le moteur **Françon** (**Brevets Chedru**). — Ce nouveau moteur établi par M Chedru est monté sur les voiturettes Françon.

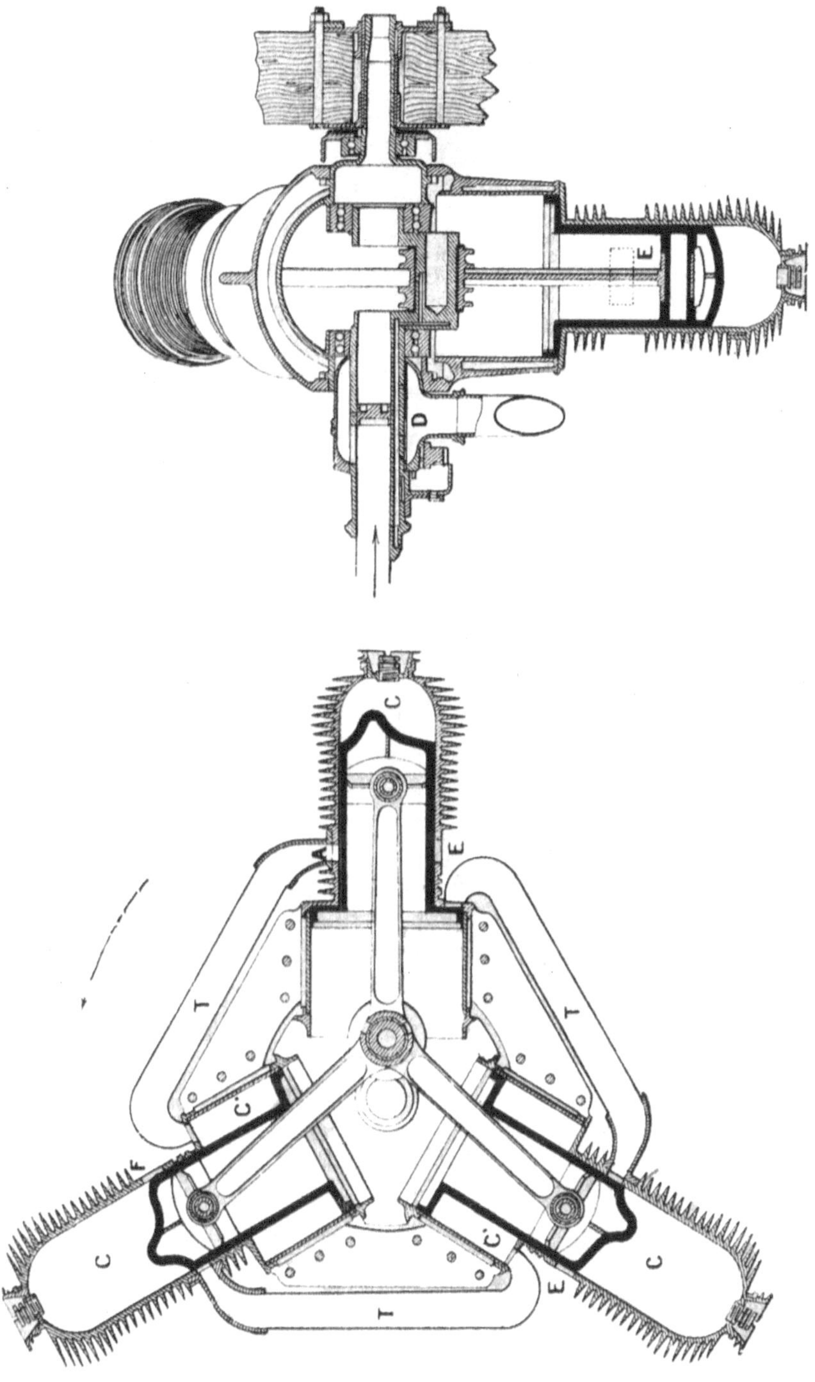

Fig. 23. — Coupes du moteur Laviator.

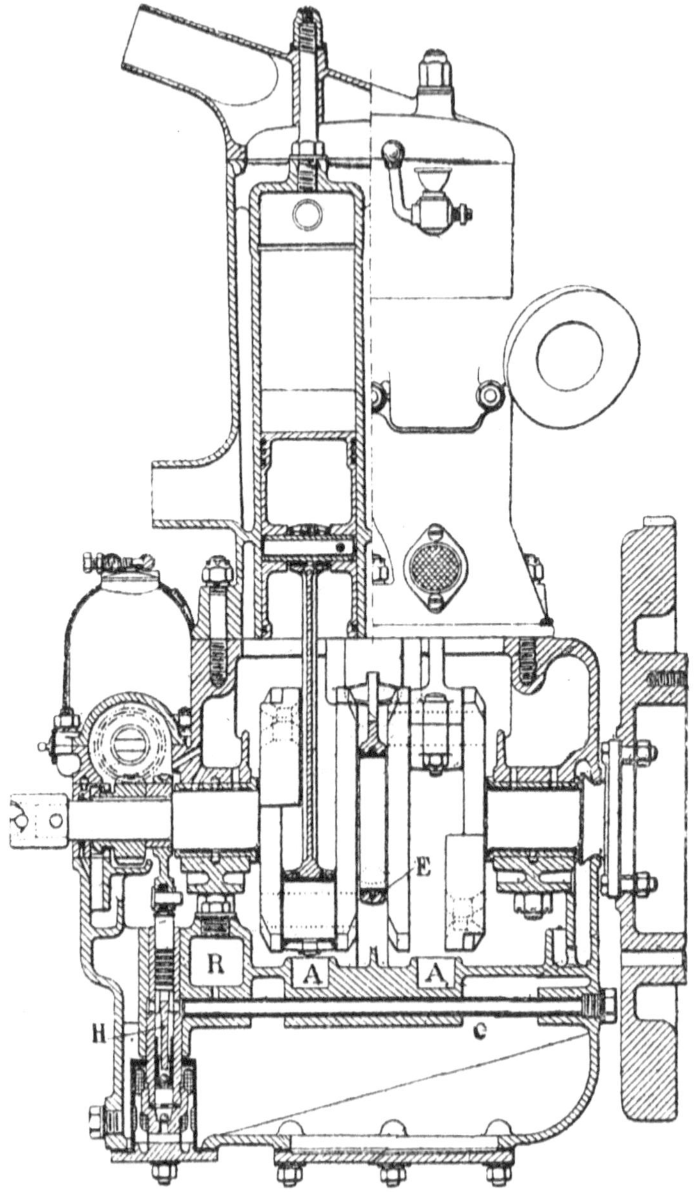

Fig. 24 – Le nouveau moteur Françon, brevets Chedru.

H, pompe à huile. – R, chambre à air. – C, conduit de refoulement. – À, augets. – E, excentrique de la pompe de distribution. – F, flotteur de la jauge – O, orifice de remplissage d'huile. – T. ajutage de graissage de l'excentrique. – G, conduit de graissage du guidage du piston-pompe. – B, cylindre-pompe. – P, piston-pompe. – S, segment distributeur. – D, orifice d'aspiration. – K, orifice de refoulement au cylindre. – L, orifice d'échappement.

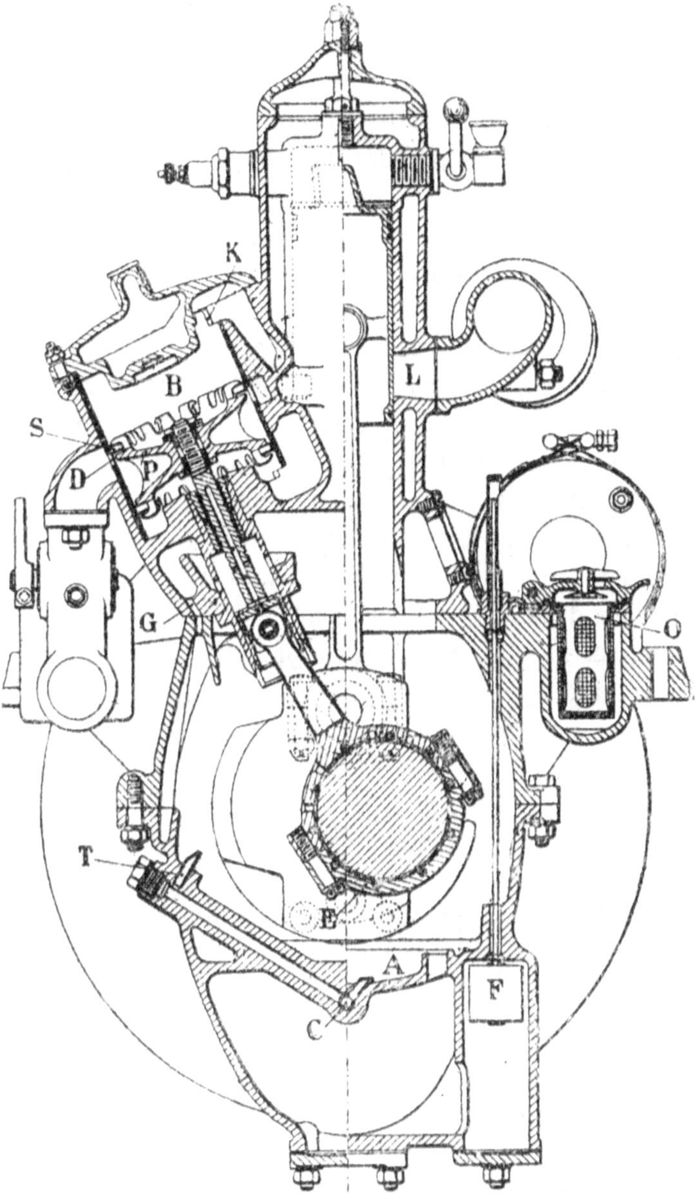

Fig. 24 – Le nouveau moteur Françon, brevets Chedru.

H, pompe à huile. – R, chambre à air. – C, conduit de refoulement. – , augets. – E, excentrique de la pompe de distribution. – F, flotteur de la jauge – O, orifice de remplissage d'huile. – T. ajutage de graissage de l'excentrique. – G, conduit de graissage du guidage du piston-pompe. – B, cylindre-pompe. – P, piston-pompe. – S, segment distributeur. – D, orifice d'aspiration. – K, orifice de refoulement au cylindre. – L, orifice d'échappement.

C'est un deux-cylindres monobloc 60 x 110, ayant ses coudes calés à 180°, chacun d'eux étant équilibré par des contrepoids. Le vilebrequin est porté par deux paliers et son graissage se fait par barbotage à niveau constant. À cet effet, une pompe à piston plongeur H, actionnée par un excentrique calé sur l'extrémité avant du vilebrequin, prend l'huile dans le fond du carter et la refoule dans un conduit C. Sur ce conduit est monté en dérivation un réservoir R qui forme chambre à air pour absorber les coups de bélier dus au fonctionnement alternatif de la pompe. Le conduit C alimente deux augets A placés sous les têtes de bielle et dans lesquels viennent plonger à chaque tour des cuillers portées par ces dernières. Un petit ajutage T, en communication avec le tube C, projette l'huile sur l'excentrique de distribution dont nous parlerons tout à l'heure. L'huile projetée par la rotation des têtes de bielle est recueillie dans des godets situés au-dessus des paliers et qui alimentent ces derniers ; celui du palier avant est en outre percé d'un trou oblique par où l'huile se rend à l'excentrique de la pompe à huile et au pignon de commande de la magnéto. Une jauge à flotteur F, dont la tige sort au-dessus du carter supérieur, indique la quantité d'huile contenue dans le réservoir inférieur.

L'allumage est obtenu par une magnéto placée transversalement à l'avant du moteur et commandée par pignons hélicoïdaux ; le carburateur est un Solex vertical. Les pistons sont en aluminium et portent à leur partie supérieure trois segments ; un quatrième segment, placé à la partie inférieure, joue le rôle de racleur d'huile et concourt à l'étanchéité. Ce sont les pistons qui assurent la distribution du moteur en démasquant en temps voulu les orifices d'admission et d'échappement pratiqués dans la paroi du cylindre.

Afin d'examiner le fonctionnement de ce moteur, supposons le piston à son point mort supérieur; au moment où l'explosion vient de se produire, ce piston est chassé vers le bas du cylindre et fournit ainsi sa course motrice. Un peu avant d'arriver au point mort inférieur, il démasque les orifices d'échappement L, et l'échappement commence avec une avance donnée par la position de ces orifices. Un peu plus bas, il démasque les orifices d'admission que l'on aperçoit marqués en pointillé sur la coupe transversale, sur la paroi du cylindre opposée à l'orifice L. Les gaz frais sont alors refoulés dans le cylindre, comme nous allons le voir, et chassent devant eux ce qui reste de gaz brûlés ;

ils sont guidés vers le fond du cylindre par un déflecteur ménagé sur le fond du piston, ce qui a pour but de les empêcher de s'échapper par l'orifice L en se mélangeant aux gaz brûlés. Puis le piston remonte, referme d'abord les orifices d'admission, ensuite ceux d'échappement, et effectue la compression pendant sa course ascendante. Quand il est parvenu au voisinage de son point mort supérieur, l'allumage se produit avec l'avance voulue et le même cycle recommence.

On voit donc que le piston ne peut pas aspirer les gaz au carburateur, puisque ceux-ci doivent, au contraire, être refoulés dans le cylindre, de manière à chasser devant eux les gaz brûlés. Il faut donc un organe spécial qui opère cette aspiration et ce refoulement. Dans le moteur Chedru, cet organe est constitué par une pompe unique à double effet, dont chaque face du piston travaille pour un des cylindres du moteur.

Le piston de cette pompe est actionné par un excentrique E, porté par le vilebrequin entre les manetons des deux cylindres. Le piston P porte deux segments S placés l'un à sa partie supérieure, l'autre à sa partie inférieure ; ces segments, non seulement sont chargés d'assurer l'étanchéité, mais encore jouent le rôle de tiroirs de distribution. Pour cela, chacun d'eux est logé dans une gorge plus haute que lui, de manière que, lorsque le piston descend, le segment s'appuie contre le bord supérieur de la gorge, tandis que lorsque le piston remonte, il s'appuie contre le bord inférieur. Le bord supérieur de la gorge supérieure du piston et le bord inférieur de la gorge inférieure sont en outre entaillés par une série d'encoches dont nous allons voir l'utilité.

Ce piston se déplace dans un cylindre dont la partie supérieure est en communication avec l'orifice d'admission de l'un des cylindres moteurs, tandis que sa partie inférieure communique avec l'orifice d'admission de l'autre cylindre. Considérons le premier de ces cylindres et la moitié supérieure de la pompe ; ce que nous en dirons s'appliquera de la même façon à l'autre cylindre et à la partie inférieure de la pompe.

Supposons le piston-pompe P à son point mort supérieur. Ce piston va descendre en produisant au-dessus de lui une dépression. Pendant sa descente, il entraîne le segment S par le bord supérieur de la gorge ; il y a donc un certain intervalle entre ce segment et le bord inférieur. Sous l'influence de la dépression qui règne dans le cylindre B, les gaz vont être aspirés au carburateur par la chambre qui règne tout autour du cylindre de la pompe et qui communique avec la tubulure d'admission, et par les orifices D ; ces gaz vont passer en dessous du segment, entre lui et le bord inférieur de la gorge, et, par les encoches pratiquées dans le bord supérieur de cette dernière, viendront remplir la partie supérieure B du cylindre. Le piston continue à descendre et, en terminant sa course, vient démasquer complètement les orifices D, de sorte qu'à fin de course les gaz passent directement dans le cylindre B. Pendant ce temps, l'orifice d'admission du cylindre moteur est masqué par le piston moteur lui-même, de sorte que la pompe ne peut pas aspirer dans ce cylindre. Lorsque le piston-pompe P va commencer à remonter, le segment S va venir s'appuyer contre le bord inférieur de la gorge. Dès qu'il aura dépassé les orifices D, toute communication sera ainsi interceptée entre le carburateur et la partie supérieure du cylindre B. Comme le calage de l'excentrique fait que ce moment correspond à la position où le piston moteur démasque l'orifice d'admission, le piston-pompe, en remontant, va refouler les gaz par l'orifice K dans le cylindre moteur. Lorsque le piston-pompe P sera parvenu en haut de sa course, le piston moteur refermera l'orifice d'admission et commencera la compression du mélange gazeux.

On voit donc que, grâce au jeu du segment S dans sa gorge et aux entailles pratiquées dans cette dernière, la face supérieure du piston-pompe P produit l'aspiration au carburateur et le refoulement des gaz à l'un des cylindres moteurs. La face inférieure de ce piston travaille exactement dans les mêmes conditions, grâce au segment dont elle est pourvue, et alimente de la même façon le second cylindre moteur.

Pour jouer convenablement ce rôle et ne pas mater leur gorge tout en présentant toute l'étanchéité nécessaire, les segments S présentent une forme particulière ; ils sont évidés de façon que leur section ait la forme d'un U couché, ce qui leur donne à la fois une grande légèreté et l'élasticité nécessaire pour s'appliquer convenablement sur le bord de leur gorge. On remarquera que le piston-pompe P ne frotte pas contre la paroi du cylindre B, mais entre lui et cette paroi existe un certain jeu. Ce piston est guidé par sa tige et par un petit piston qui termine cette dernière et dans lequel s'articule la bielle de l'excentrique ; ce petit piston coulisse dans un guide qui concourt également au graissage de la tige.

Celle-ci ne traverse pas un presse-étoupe, mais une simple bague ; elle porte un certain nombre de rainures circulaires, dispositif bien connu qui empêche toute fuite de gaz du cylindre le long de la tige. Le graissage de cette dernière est obtenu de la façon suivante : la rotation de l'excentrique et des têtes de bielle provoque des projections d'huile qui remontent par le conduit G et sont recueillies par l'espèce de godet qui entoure le fourreau servant de guide à l'extrémité de la tige du piston P. L'huile pénètre dans ce fourreau par les ouvertures dont il est muni, elle se trouve refoulée par le petit piston qui sert de tête à cette tige. Cette huile pénètre dans l'intérieur de la tige par des trous qui communiquent avec un conduit longitudinal dont elle est percée; ce conduit communique avec d'autres trous, débouchant sur la partie de la tige qui coulisse dans la bague, de sorte que celle-ci subit un véritable graissage sous pression.

Le moteur Chedru possède une qualité qui ne se rencontre pas dans un grand nombre de systèmes à deux temps : il respire largement et aisément. Les gaz n'ont pas à circuler dans des conduits étroits et sinueux, mais suivent des trajets courts et directs. Si, pendant une partie de la course du piston-pompe, ils doivent passer entre le segment de ce piston et le bord de sa gorge, ce qui pourrait faire craindre le laminage, la cylindrée a ensuite toute facilité pour se compléter quand le piston vient démasquer l'orifice d'aspiration. Enfin, remarquons que les compressions et détentes successives des gaz qui se produisent dans certains moteurs, et qui sont nuisibles au bon rendement, sont ici évitées ; les gaz sont simplement refoulés par le piston-pompe dans le cylindre moteur sans être comprimés au préalable ; la véritable compression s'effectue dans le cylindre moteur même.

On voit par quelle simplicité de moyens ce moteur a été réalisé. Il ne comporte aucune pièce délicate, ni aucun organe sujet à un dérangement ; le fonctionnement de sa distribution est assuré dans toutes les circonstances et est forcément correct à toutes les allures, puisque tous ses organes réalisent une commande desmodromique. Il possède à un haut degré les qualités de simplicité que l'on recherche dans le moteur à deux temps, et les inconvénients que présente parfois ce dernier sont radicalement supprimés. Aussi peut-il en être considéré comme l'une des réalisations les plus heureuses et les plus intéressantes.

Moteur Elmore. — Dans ce moteur qui est un des plus répandus en Amérique, on emploie un distributeur rotatif qui met en communication l'espace annulaire compris entre les pistons et les cylindres à double alésage alternativement en communication avec le carburateur et l'orifice de passage du cylindre voisin.

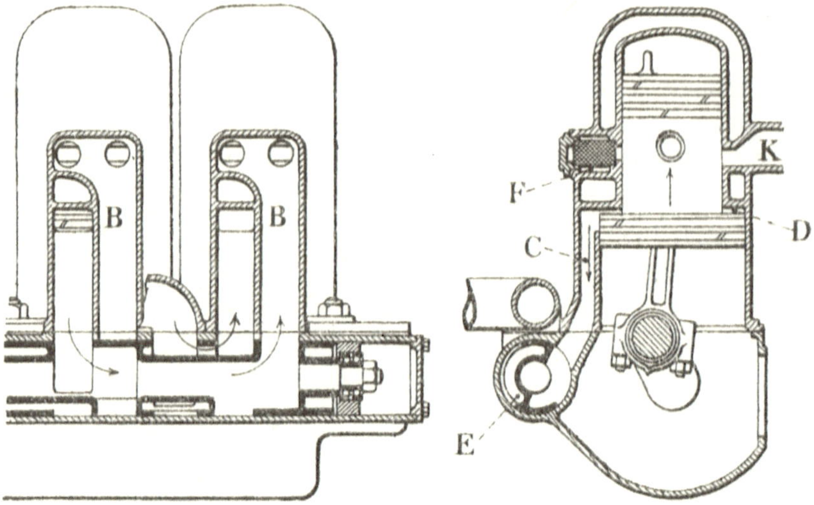

Fig. 25.tif

Sur la figure 25, on voit que le gaz qui arrive est admis dans la chambre annulaire D pendant toute la durée de la course descendante du piston, les gaz passent du carburateur à travers la culotte A dans le tiroir distributeur E, et de là dans le passage C, et arrivent à la chambre annulaire D.

Pendant la course ascendante suivante, le gaz de la chambre D est comprimé et envoyé dans le passage O vers les distributeurs rotatifs : celui-ci est décalé de façon à permettre l'arrivée des gaz frais ; par conséquent, les gaz comprimés passent par l'orifice de passage F et se rendent de là dans la chambre de combustion du cylindre voisin.

Moteur Garuffa-Gargiulo. — Quoique ce moteur ne soit pas à proprement parler un moteur à deux temps à explosion mais participe plutôt du cycle Diesel à deux temps nous avons jugé, étant donné son intérêt, utile de le présenter à nos lecteurs. C'est certainement un des premiers moteurs à deux temps du cycle Diesel qui peut être employé comme moteur d'aviation.

Les propriétés principales qui définissent ce moteur sont : introduction de la haute compression, de la pulvérisation et de la combustion spontanée dans un moteur « extra-léger », c'est-à-dire ne pesant que 0,800 kg à 1 kilogramme par C. V. susceptible de brûler les combustibles lourds, les pétroles bruts, et de procurer, comme les moteurs à essences légères, un rendement mécanique égal sinon supérieur. Les cylindres C sont pourvus de mortaises ou fenêtres de balayage et d'échappement *s*, sont alimentés en air pur à l'aide des ventilateurs multiples W montés sur un prolongement de l'axe du moteur.

Les mortaises d'échappement sont soumises à la seule commande du piston, tandis que les orifices d'alimentation *a* sont ouverts ou fermés à l'intérieur par le piston P ; mais, à l'extérieur, ils sont commandés par un distributeur rotatif D tournant avec l'arbre moteur *o*, qui les ouvre pour l'alimentation du cylindre au moment où, par l'ouverture anticipée des fenêtres d'échappement, la plupart des gaz brûlés ont déjà été expulsés du cylindre, de cette façon l'introduction libre de l'air dans le cylindre est assurée.

L'emploi du ventilateur multiple rotatif est un excellent moyen d'assurer l'alimentation d'une machine possédant un grand nombre de cylindres, parce que de cette manière, l'alimentation s'effectuant à une pression constante, peut satisfaire à la demande presque continue d'air des cylindres.

Après avoir assuré le balayage complet, le piston, dans son ascension, ferme la lumière d'échappement et comprime l'air contenu dans le cylindre. Cette compression qui, dans les moteurs courants, atteint 6 à 7 atmosphères, est poussée en marche normale à 18, 20, voire 30 atmosphères. Pour des pétroles bruts (naphtes) bien pulvérisés, la chaleur qui se dégage d'une compression de 18 à 20 atmosphères est suffisante pour assurer la combustion du carburant liquide pulvérisé injecté dans le cylindre à fin de course. Quelques atmosphères de plus sont nécessaires pour l'emploi des huiles extra-lourdes (mazout).

La pulvérisation s'opère à l'aide d'un pulvérisateur spécial q à action directe, elle commence immédiatement avant le point mort du piston, et continue pendant quelques instants après, de façon à donner lieu à un cycle composé d'une phase d'explosion, suivie d'une autre de combustion graduelle. Cet accouplement du cycle à explosion avec celui du Diesel, est jugé préférable au simple cycle Diesel. On ne pouvait d'ailleurs songer à adapter aux moteurs d'aéronautique, le système de pulvérisation du Diesel à l'air comprimé jusqu'à 60 atmosphères, qui aurait nécessité une complication et une complexité des organes subsidiaires indispensables, incompatibles avec les machines aériennes. D'ailleurs le procédé de pulvérisation du Diesel n'a pas pour but unique d'obtenir une bonne subdivision moléculaire, mais de prolonger la durée de la phase de combustion, qui n'est ici d'aucune utilité. De plus, le pulvérisateur Garuffa subdivise le combustible le plus possible, soit par un agencement spécial, soit par une disposition particulière des trous capillaires qui s'ouvrent dans le cylindre ; soit enfin par l'emploi d'une pression directe suffisamment élevée du liquide à combustion.

Alimentation et mise en marche. — Deux problèmes d'importance capitale restaient à résoudre :

1. - Alimentation en combustible des pulvérisateurs de tous les cylindres au moyen d'une *pompe unique.*
2. - Mise en marche du moteur.

1. - Alimentation en carburant. — Dans les moteurs Diesel, elle s'accomplit avec une pompe à combustible sous pression spéciale pour chaque cylindre (ou tout au plus et exceptionnellement, pour deux cylindres à phases bien distinctes) : la condition essentielle de la régularité de fonctionnement des meilleures machines de ce genre réside précisément dans cette *pompe spéciale à chaque cylindre.*

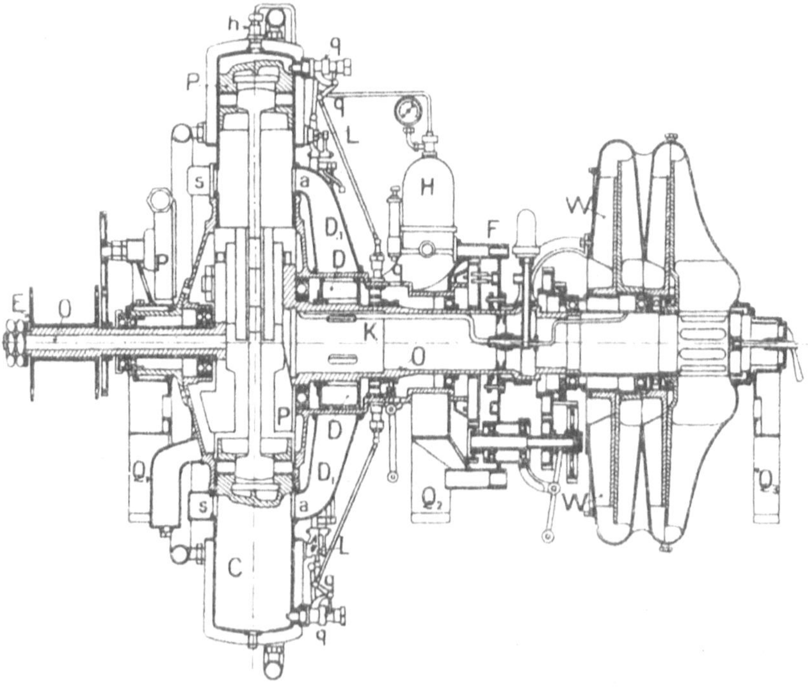

Fig. 26.

La *pompe unique à grand débit* F (fig. 26) possède une pression maximum supérieure de 7 à 10 atmosphères à celle de la compression de l'air dans les cylindres ; on dispose ainsi d'une puissance suffisante pour forcer le combustible au travers des trous capillaires du pulvérisateur ; en outre, cette pompe maintient constante la pression du carburant, malgré la variation de débit due aux changements de charge et de vitesse.

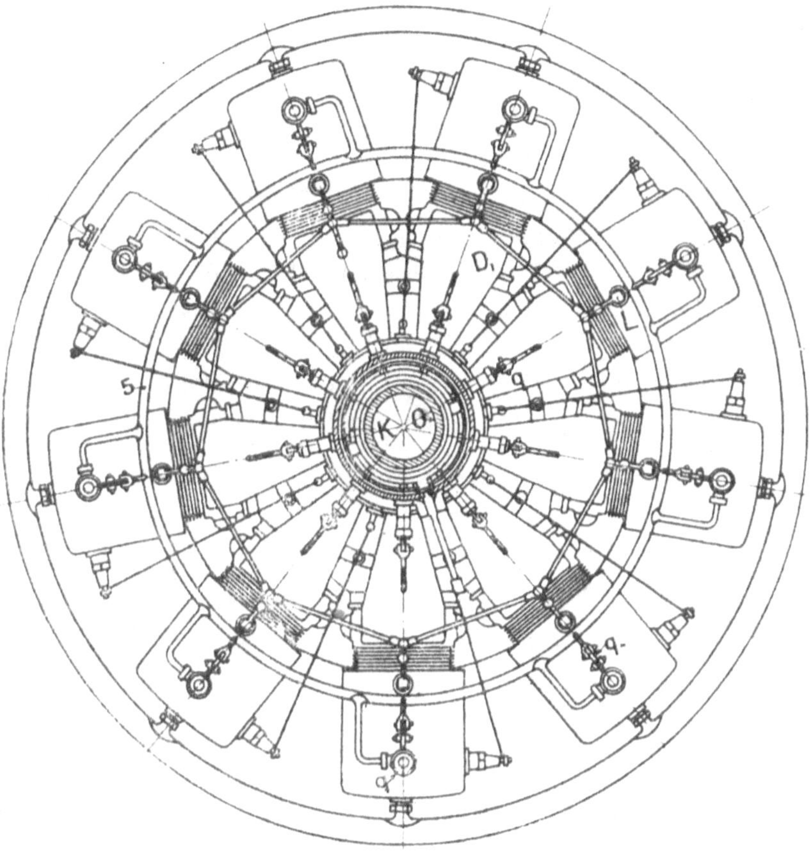

Fig. 27.

Le principe général du dispositif adopté consiste à maintenir la pression dans un *tube unique* alimentateur, en soumettant l'aiguille des pulvérisateurs à la commande de la distribution ; pendant la rotation de l'arbre moteur O, une came K pouvant à volonté se déplacer le long de celui-ci et agissant sur des poussoirs, par l'intermédiaire de leviers articulés *q*, commande les aiguilles des pulvérisateurs qui, en se relevant, permettent le passage du liquide dans les cylindres au travers des trous capillaires, pour un temps correspondant à la longueur de la phase d'admission (cette phase, on le sait, commence un peu avant et finit un peu après le point mort du piston). La durée de l'ouverture limite la quantité du combustible entrant dans le cylindre, et règle par conséquent la puissance du moteur.

Dans le moteur d'aviation, ce jeu de la came est réglé par le pilote, à l'aide d'une manette ; dans les autres moteurs, il est assuré automatiquement par un régulateur centrifuge.

La pompe unique à piston F, mue par le moteur, et calculée pour un débit supérieur à celui correspondant à la puissance maximum de la machine (pompe à double valve de compression spécialement étudiée pour les hautes pressions), envoie l'huile carburante dans le petit réservoir cylindrique vertical H, disposé comme une chambre à air à pression élevée. Dans ce réservoir, se trouve accumulé le combustible sous pression jusqu'à un certain niveau, au-dessus duquel il y a de l'air (ou un gaz inerte) à la même pression ; un manomètre permet de contrôler cette dernière, et la marche régulière de la pompe.

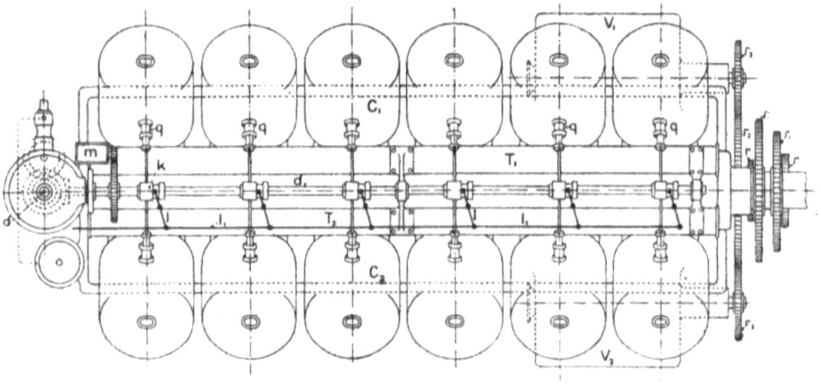

Fig. 28.

Le réservoir ou accumulateur, à sa partie inférieure, porte un premier tube qui le met en communication par un robinet, avec le collecteur d'alimentation des pulvérisateurs, et un second tube muni d'une valve automatique à ressort, réglée par la pression maximum à maintenir dans le réservoir ; si, malgré la colonne d'air, cette pression vient à augmenter, la valve décharge l'excès d'huile dans le récipient général de carburant, constituant ainsi un système automatique de trop-plein.

Dans sa partie supérieure, le réservoir se termine par un tube 5, qui réunit la chambre d'air comprimé à la tête d'un des cylindres, par interposition d'une valve automatique *h* s'ouvrant dans le sens du cylindre, vers l'accumulateur.

Ce dispositif a pour but d'assurer dans le réservoir, d'une part, une pression minimum constante, au moins égale à la pression maximum du cycle (phase d'explosion) ; d'autre part, une quantité d'air ou de gaz au-dessus du combustible, permettant audit réservoir de fonctionner exactement comme un régulateur ou chambre d'air de la pompe ; quand la pression dans l'accumulateur est inférieure à celle d'explosion, au moment où s'opère celle-ci, une partie des gaz brûlés passe du cylindre au réservoir, y rétablit la pression et y reconstitue l'atmosphère gazeuse nécessaire à une marche régulière.

2. - Mise en marche. — Le principe en repose sur la conception classique de la *réduction de la compression.*

À une certaine hauteur de la course du piston, il est appliqué à chaque cylindre, une valve ou soupape L automatiquement fermée par la pression interne de celui-ci, tandis que, poussée par une commande extérieure *q*, elle le met en communication avec l'atmosphère ; quand elle est ouverte, tout l'air contenu dans le cylindre, depuis le point mort inférieur jusqu'à cette soupape, est expulsé dans l'atmosphère, et la compression jusqu'au fond du cylindre commence seulement au niveau de cette valve ; le choix infiniment variable de sa position, permet par conséquent, de réduire à volonté la compression jusqu'au point où, en tournant l'hélice à la main ou à l'aide d'une manivelle quelconque, on puisse mettre le moteur en marche.

Pour cela, au moyen d'un levier à main, on ouvre (comme on ferme) simultanément les valves L, et l'on fait usage d'un combustible moins dense (benzol, pétrole raffiné ou même essence — si l'on ne craint pas d'en avoir une petite quantité sur l'appareil), qui est injecté dans les pulvérisateurs, avec une avance suffisante pour qu'une étincelle de la magnéto spéciale puisse l'enflammer.

Par conséquent, les mêmes organes utilisés pendant le fonctionnement normal du moteur, le seront également pour la première mise en marche, de la façon la plus simple et la plus sûre. Pour le départ seulement, le collecteur qui alimente les pulvérisateurs, et le réservoir à pression constante (chambre d'air de la pompe) seront remplis de carburant léger à l'aide de dispositifs simples et spéciaux (pompe à main) dont sont généralement pourvues les pompes à combustible, même celles des Diesel qui, pour la mise en marche, emploient un combustible moins lourd.

Cette opération une fois effectuée, la magnéto permet d'obtenir la mise en marche immédiate ; dès que celle-ci est assurée d'une façon régulière, on ferme sur les cylindres, les soupapes automatiques de décompression, on arrête la magnéto, et l'on marche avec l'huile lourde sans interruption aucune.

Quelques instants avant d'arrêter le moteur en marche normale, il y aura lieu de mettre le combustible léger en circulation dans le collecteur des pulvérisateurs et le réservoir à pression constante, en faisant usage du robinet à trois branches placé sous la pompe d'alimentation. De cette façon, quand la machine sera arrêtée à nouveau, ses organes, chargés du carburant léger sous pression, seront prêts à fonctionner pour un second « départ », sur la magnéto, sans aucune autre manœuvre préparatoire.

Avant que la machine n'ait fonctionné, le réservoir se trouve rempli d'air à la pression atmosphérique.

Pour obtenir la pression initiale, il suffit de prendre les dispositions de mise en marche, nécessitant une charge de compression de 6 à 7 atmosphères pouvant donner une force d'explosion de 25 atmosphères; le « départ » à l'huile légère exige pour la pulvérisation, une pression dans le réservoir, supérieure de 2 à 3 atmosphères à celle de l'intérieur des cylindres ; il faudra donc comprimer initialement dans l'accumulateur à 8 ou 10 atmosphères, résultat facile à réaliser avec une simple pompe à main.

Aussitôt la mise en marche déclenchée, un petit nombre de tours suffisent pour porter à 25 atmosphères la pression dans le réservoir, par l'effet de la conduite qui le relie au sommet d'un des cylindres ; dès cet instant, le fonctionnement à l'huile lourde a lieu automatiquement sans aucune difficulté.

On pourrait éventuellement disposer d'une cartouche à acide carbonique comprimé à 200 atmosphères afin d'établir instantanément la pression voulue dans le réservoir alimentateur pour un grand nombre de mises en marche.

Construction et fonctionnement des moteurs. — Deux types de machines ont été envisagés jusqu'ici, ce sont :

a. Type extra-léger de 100 à 300 chevaux-vapeur, avec cylindres fixes en étoile, pour aviation à grande vitesse et avion de chasse ;

b. Type léger de 50 à 250 HP, avec cylindres parallèles, et de 300 HP et au-dessus, en V, pour grands appareils d'aviation militaire et commerciale, dirigeables, machines industrielles ou maritimes, etc.

a. Dans ce type (fig. 26 et 27) le carter des cylindres et les cylindres eux-mêmes, sont fixés sur l'avion, au moyen de supports Q_1, Q_2, Q_3 ; l'arbre moteur O est creux, il tourne sur des roulements à billes du carter et porte le moyeu de l'hélice.

Tandis que l'arbre creux du moteur tourne, celui également creux du ventilateur *w* reste fixe ; ce sont ses ailettes seules qui se meuvent autour de leur axe.

La pompe centrifuge P_0, mue par le moteur, alimente la conduite d'introduction d'eau placée au bas de l'enveloppe des cylindres, puis celle située dans le haut de cette enveloppe, d'où le liquide est conduit aux radiateurs de refroidissement.

Un ventilateur double est suffisant pour donner à l'air de balayage la pression voulue. Commandé par l'engrenage central F, il dispose d'un double jeu de pignons indépendants, en contact deux par deux, ce ventilateur possède donc deux vitesses.

Ce dispositif a été imaginé dans le double but de maintenir constante la puissance du moteur, à des altitudes élevées, et d'obtenir à terre une augmentation de puissance jusqu'à la limite permise par la résistance de la machine.

b. Dans ce second type, *léger* (fig. 28) selon l'usage auquel il est destiné et la force qu'il doit déployèr, ses caractéristiques le rapprochent, soit des moteurs d'automobiles, soit des machines industrielles ou maritimes, sans pour cela diminuer en quoi que ce soit ses avantages de simplicité, de légèreté et de robustesse.

Les principes généraux de fonctionnement et de mise en marche de ce type de moteur ne diffèrent pas de ceux relatifs au système en étoile. Cependant, les cylindres parallèles ou en V s'appliquent à des cas qui en rendent la réalisation plus facile, tout en permettant d'en augmenter la simplicité et d'en améliorer les conditions de durée et de marche continue.

La disposition des cylindres parallèles ou en V présente les cinq avantages suivants :

1. - Placement du distributeur rotatif à proximité de la paroi des cylindres et amélioration du rendement de la pompe de distribution ;
2. - Accessibilité plus grande à tous les organes et équilibre complet des forces d'inertie sans l'intervention de contrepoids ;
3. - Simplification de la commande de pulvérisation sans intervention de leviers articulés ;
4. - Lubrification abondante, moyen généralement reconnu pour obtenir une longue durée de marche ininterrompue ;
5. - Réalisation de puissances très grandes.

Quant au fonctionnement du moteur il est réalisé de la façon suivante :

L'arbre du moteur O met en mouvement les ventilateurs V_1 et V_2 par l'intermédiaire des engrenages r_1, r_2, r_3, qui permettent d'en modifier la vitesse de rotation. Du côté opposé, au moyen d'engrenages coniques, ce même arbre *o* transmet le mouvement à un arbre vertical *d* qui, à son tour, commande un second arbre horizontal d_1 agissant directement sur les pulvérisateurs *q* par l'intermédiaire de cames. Ainsi, le mécanisme de la distribution du carburant est plus simple encore dans ce type. Le déplacement des cames K, qui règle la puissance du moteur, s'obtient par la manœuvre des tringles et des leviers *l* et l_1.

Il serait facile de concevoir un dispositif de cames semblables permettant de réaliser en même temps la marche arrière, il suffirait pour cela de disposer d'une came double, armée de deux ressorts, formant un angle convenablement étudié.

L'arbre horizontal ch régit aussi la magnéto *m* nécessaire à la mise en marche, dans le cas où celle-ci ne se ferait pas à l'aide d'un dispositif spécial à air comprimé.

L'arbre vertical *d* actionne directement la pompe centrifuge à eau P, la pompe rotative à huile P_1, le distributeur des gaz de balayage H et la pompe à combustible P_2 (type Diesel) qui alimente le réservoir à pression constante Z, semblable à celui employé dans le moteur en étoile.

Quant à la lubrification, elle est également assurée d'une façon constante et abondante à l'aide d'une pompe unique ; toute l'huile non employée retourne au fond du carter et, de là, dans le réservoir pour être remise en circulation.

II. – Moteurs dans lesquels le mélange gazeux est aspiré par le piston moteur.

A. — Dans une capacité adjointe au cylindre moteur

Dans cette catégorie, nous trouvons un nombre assez considérable de brevets. Les solutions sont ordinairement simples et ne diffèrent guère entre elles que par le mode de distribution adopté. Parmi ces moteurs, deux ont été l'objet d'études très poussées et sont actuellement au point : ce sont les moteurs Colmant et Legros ; nous leur consacrerons des descriptions détaillées que nous compléterons par des résultats d'essais.

Moteur Colmant (brevet n° 424 714 du 9 janvier 1911). Le piston P de ce moteur est muni d'une tige *t* guidée à l'intérieur d'un tube en communication permanente avec le carter (fig. 29). Ce piston forme au-dessous de lui une chambre C', qui reste en communication constante avec le canal *a*. Dans la chambre C", adjointe au cylindre moteur, se déplace un piston *p*, relié à un arbre secondaire commandé par l'arbre moteur au moyen d'une chaîne. Ce petit piston a pour objet de découvrir tantôt l'ouverture du canal *a*, tantôt l'orifice d'admission A, lequel est relié à un carburateur. Les orifices d'admission et d'échappement sont

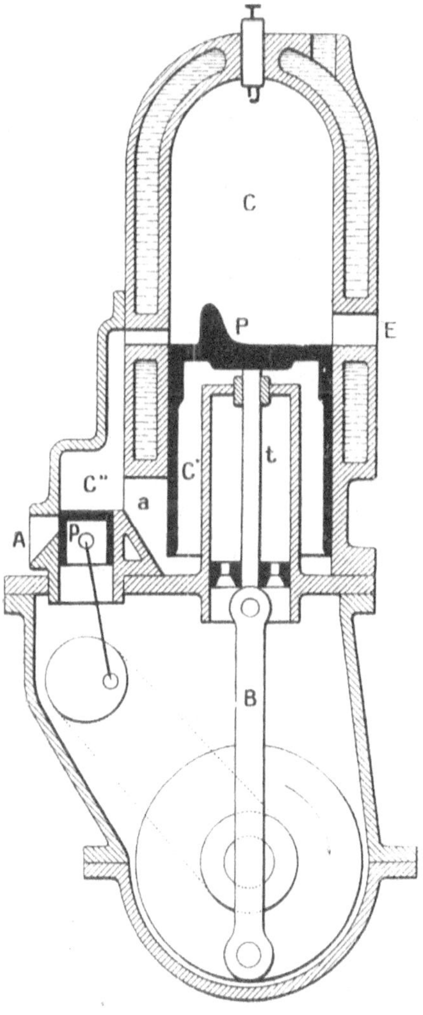

Fig. 29. – Coupe du moteur Colmant.

placés en regard l'un de l'autre ; enfin le piston est muni d'un déflecteur placé à une faible distance de l'orifice d admission.

Le fonctionnement de ce moteur est facile à comprendre : en descendant, le piston P comprime, dans la chambre C", le mélange qu'il a aspiré dans cette même chambre pendant sa course ascendante précédente. Lorsque le piston P découvre les lumières d'admission et d'échappement ménagées dans la paroi du cylindre, l'expulsion des gaz brûlés et le remplissage se produisent comme à l'ordinaire.

Ce moteur a donné les très intéressants résultats suivants :

Moteur Colmant

(3 cylindres de 100 x 120)

Vitesses angulaires en t : m	puissances en chevaux	couple moteur en m : kg. calculé
625	16,2	17,4
925	25,8	19,9
1.150	33	20,5
1.500	42	20
1.820	50,2	19,7
2.008	56	17,9
2.100	53	18

Ces résultats ont été reportés sur la courbe de la figure 30 dont on peut remarquer le maximum et la descente brusque après ce maximum. Les points relevés sont les résultats de moyennes et il ne peut y avoir de doute sur leur exactitude. L'allure de cette courbe est assez inattendue ; elle contraste singulièrement avec les courbes obtenues sur le moteur Legros que nous reproduisons plus loin.

Voici enfin des résultats plus récents obtenus sur le même moteur; ils viennent confirmer les précédents. On remarquera le chiffre de consommation spécifique particulièrement faible obtenu le 25 février 1912.

Moteur Colmant

(3 cylindres de 100 mm. d'alésage et 120 mm. de course).

MODULE du moulinet.	DIMENSIONS des plans en millimètres.	NUMÉRO du trou.	TEMPÉRATURE en degrés centigrades.	PRESSION atmosphérique en millimètres de mercure.	VITESSE angulaire en tours par minute.	PUISSANCE lue en chevaux.	CORRECTION en centièmes.	PUISSANCE effective en chevaux.	CONSOMMATION totale en kg. par heure.	CONSOMMATION spécifique en kg. par cheval-heure.	OBSERVATIONS
1° *Essais du 15 décembre 1911.*											
5	300 × 300	10	7	761	625	16,2	0	16,2			Combustible employé, *Motoline* de densité 0,700 à 15°C.
5	300 × 300	7	7	762	925	25,8	0	25,8			
4	240 × 240	10	8	763	1.174	37	0	37			
4	240 × 240	7,5	7	762	1.566	48,7	0	48,7			
4	240 × 240	5,5	10	762	2.034	56,6	0	56,6			
2° *Essais du 29 février 1912.*											
4	240 × 240	7,5	10	762	1.472	40,2	0	40,2	14,220	0,355	Même combustible. Essai de 10 minutes.

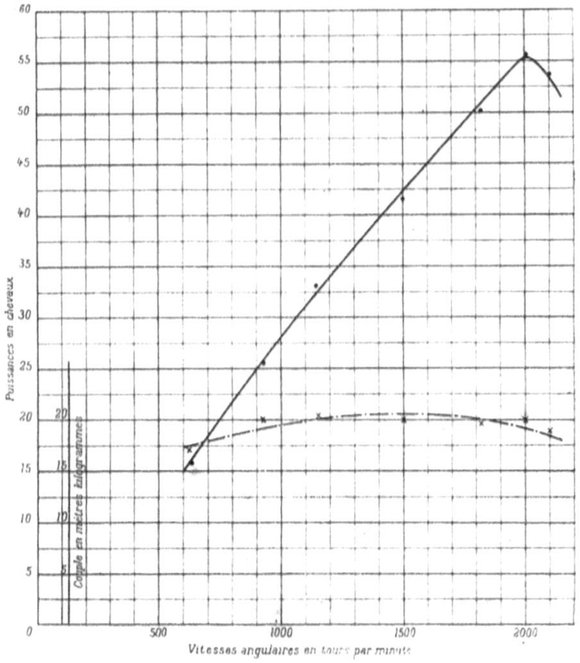

Fig. 30.

Le moteur qui vient d'être décrit est un modèle définitif ; il couronne brillamment les longs travaux de M. Colmant. Nous ne voudrions pas, cependant, passer sous silence le moteur établi antérieurement par le même constructeur, car il comporte une particularité intéressante : le refroidissement des parois internes du cylindre et de la tête du piston par une circulation d'air produite par une pompe indépendante de celle qui fournit la charge de gaz frais.

Ce moteur a fait l'objet du brevet **n° 382110**, en date du **20 septembre 1907**.

Le premier moteur essayé au Laboratoire de l'Automobile-Club de France est décrit plus loin. L'injection au cylindre se faisait par une soupape commandée de grand diamètre placée au sommet du cylindre, à côté de la soupape d'air de refroidissement, et l'échappement par deux ouvertures très grandes et symétriques placées à fond de course. Ce moteur ne développait qu'une faible puissance, inférieure à celle d'un quatre temps de même alésage et de même course (100 x 120). Il ne put jamais tourner à une vitesse angulaire supérieure à 850 tours

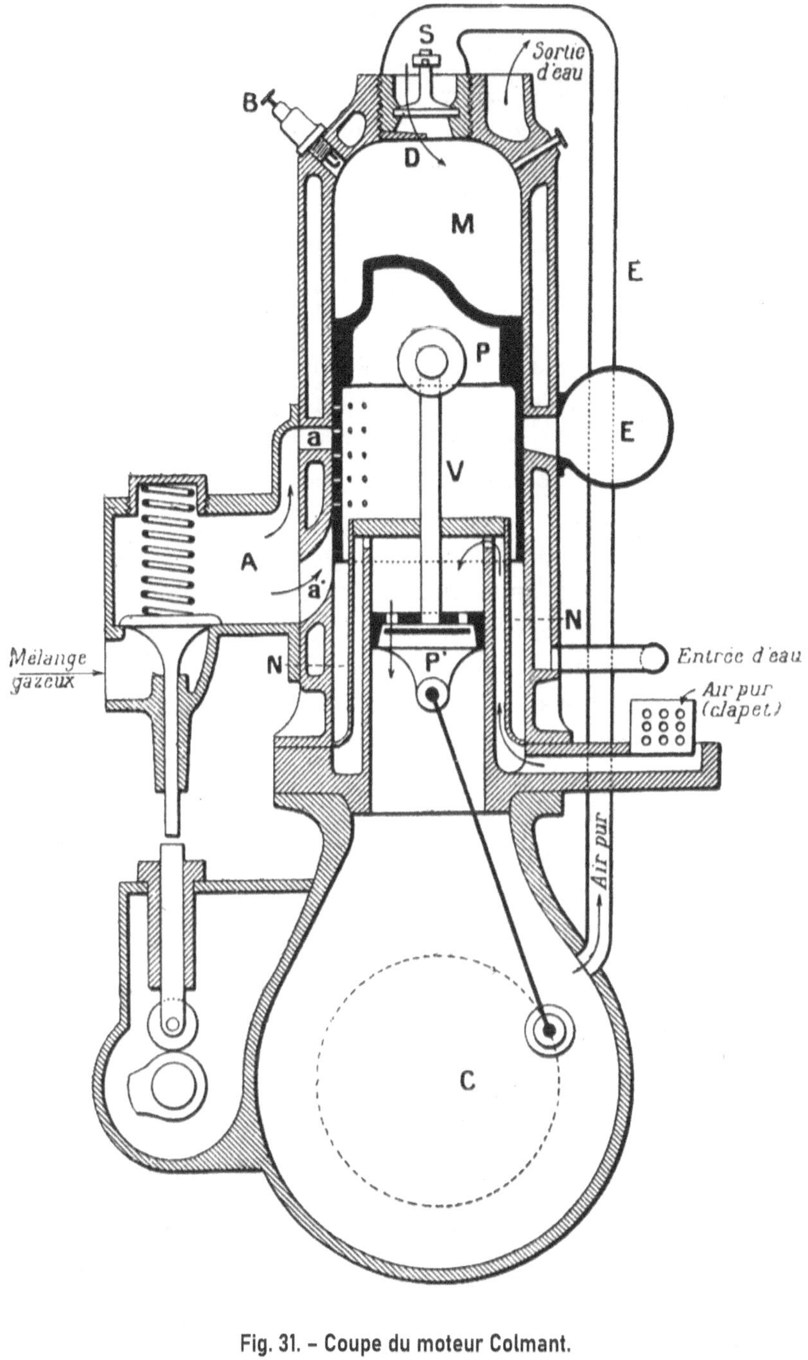

Fig. 31. – Coupe du moteur Colmant.

par minute. Il était régulier, souple par l'avance à l'allumage, mais assez indifférent à l'ouverture et à la fermeture du boisseau de gaz. Il permit au constructeur de constater deux faits :

1. - Que l'injection au cylindre par soupape était impossible dans un deux temps à allure tant soit peu rapide, à cause du laminage des gaz et de la faible durée de l'ouverture réelle possible ;
2. - Qu'il y avait moins à se préoccuper, en étudiant ce cycle, de la sortie des gaz brûlés, mais bien et surtout, de l'entrée des gaz frais.

Sans entrer ici dans le détail des expériences, qui tendaient à prouver ce deuxième point, il en est une qui les résume toutes. Si l'on supprime la tuyauterie d'air laissant à découvert la soupape automatique d'air située au sommet du cylindre, celle-ci ne supporte évidemment, de dehors en dedans, que la pression atmosphérique. Or, si l'on met le moteur en marche, dans ces conditions, à chaque échappement la soupape en question s'ouvre violemment. Les gaz brûlés sont donc sortis assez rapidement et complètement pour créer derrière, eux une dépression très nette. Et ceci n'étonne pas quand on songe que les gaz brûlés ont encore 2,4 kg à 3,5 kg de pression quand s'ouvrent les orifices d'échappement et que ceux-ci s'ouvrent en grand instantanément.

Il est autrement difficile de faire pénétrer plus tard, quand l'équilibre de pression est rétabli, des gaz frais qu'on ne peut guère injecter à une pression supérieure à 0,7 kg sans perdre trop de travail. Ces faits ont conduit le constructeur au type de moteur dont un schéma est ci-joint (fig. 31) et dans lequel l'injection des gaz a lieu par une ouverture latérale, à fond de course également

L'admission des gaz, émanant d'un carburateur ordinaire se fait en A par une soupape commandée ; lorsque le piston moteur P monte, il aspire la charge prochaine dans l'espace annulaire N, compris entre le cylindre pompe à air et le cylindre moteur, et la capacité U. Pour réduire les résistances à cette aspiration, la boîte A communique avec les espaces N et V par deux conduits *a* et *a'*, et le piston est percé d'une série de trous de 10 millimètres dans la partie qui fait face à ces canaux. Lorsque le piston descend, il refoule cette charge par les deux mêmes canaux dans la chambre *a*, dont les dimensions sont telles que la tension des gaz ne dépasse pas 0,600 kg environ.

La soupape commandée s'ouvre au point mort bas et se ferme 17° après le point mort supérieur.

En descendant, le piston découvre d'abord l'échappement, ensuite le canal *a* d'admission au cylindre, et la charge a lieu comme dans tous les moteurs à deux temps de ce genre. Mais ici, cette charge, au lieu d'avoir à pousser devant elle des gaz brûlés et chauds, ne rencontre à ce moment dans le cylindre (théoriquement) que de l'air froid qu'elle expulse par l'échappement pour prendre sa place.

En effet, et c'est là le principe du moteur en question, la crosse P' du piston P constitue le piston d'une pompe à air se mouvant dans le cylindre pompe à double enveloppe, et refoule dans le carter à chaque descente de l'ensemble des deux pistons, rigidement reliés entre eux, l'air pur extérieur que P' aspire par sa face supérieure. Ce piston P' porte, en effet, une soupape simplement constituée par un mince disque d'acier,, lequel se ferme à la descente pour se soulever à la montée et cela sans aucun ressort. L'air suit les canaux indiqués par les flèches et il est facile de voir que la tension est maximum (0,350 kg au plus) dans le carter quand le piston moteur arrive aux environs du point mort inférieur. Or, l'échappement vient précisément de commencer avec la violence qu'on sait, et c'est à ce moment que la soupape automatique S jouerait sous l'influence seule de la dépression causée dans le cylindre par cette vive sortie des gaz brûlés. Mais cette soupape S est reliée au carter par un tube T. Pression en C, dépression en M : les deux s'ajoutent et un violent courant d'air arrive de C en M, refroidissant les parois du cylindre et la tête du piston, éteignant, autant par sa force vive que par mélange, les gaz très chauds, et les expulsant pour prendre leur place.

C'est ce mélange que la charge nouvelle rencontre, qu'elle expulse complètement si le boisseau du carburateur, ouvert en grand, donne une cylindrée complète, qu'elle expulse en partie seulement, si ce boisseau permet l'admission d'une cylindrée réduite. Mais, dans l'un comme dans l'autre cas, à demi-charge, comme à pleine charge, le piston P, en remontant, trouve toujours une cylindrée complète à comprimer et, dans les deux cas, le moteur travaille à compression totale : 5.800 kilogrammes.

En fermant l'admission, on a bien réduit la richesse du mélange finalement comprimé, on n'a pas réduit le taux de compression. Gela restera vrai tant qu'on n'aura pas réduit l'admission à tel point que les deux cylindrées, pompe à air et pompe à gaz additionnées, soient inférieures au volume engendré par le piston jusqu'en M.

Pour marcher à allure très ralentie, à vide, il est nécessaire de fermer l'admission d'air, car le mélange trop appauvri cesserait d'être explosif.

Ce moteur a donné, au laboratoire de l'Automobile-Club de France, les résultats suivants :

VITESSES ANGULAIRES en t : m	PUISSANCES en chevaux	OBSERVATIONS
1.234 1.256 1.380 1.560	8,2 9,1 9,2 8,8	Consommation spécifique : 0,589 kg par cheval-heure

Le moteur **Krebs** (**brevet n° 434166 du 13 septembre 1911**) possède une distribution par tiroir mais, dans ce système, l'aspiration et la compression du mélange gazeux sont produites par la partie inférieure du piston moteur dont le diamètre a été augmenté. Ce moteur est suffisamment défini par le schéma (fig. 32) et son fonctionnement est facile à comprendre : il suffit de savoir que le jeu du tiroir est tel que cet organe peut établir, d'une part, une communication entre le conduit d'aspiration A et le conduit *c* (pour permettre l'aspiration du mélange gazeux lorsque le piston descend) et d'autre part, une communication entre les conduits *c* et *a* (pour permettre le transvasement du mélange comprimé de la chambre de compression dans la chambre d'explosion).

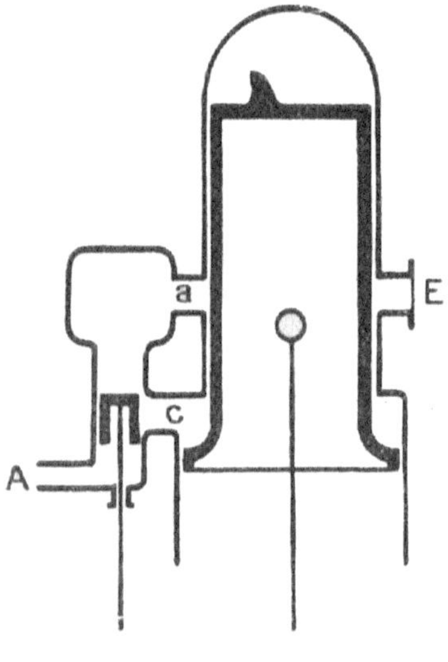

Fig. 32. - Schéma du moteur Krebs.

Le moteur **Sautter-Harlé** est conçu dans le même esprit. Ce dernier ayant été réalisé, nous lui consacrerons une description un peu plus complète, de manière à mettre en évidence ses particularités. Dans le cylindre à double alésage, se déplace un piston à deux diamètres (fig. 33). Ce piston peut découvrir successivement les orifices A et E : l'un, A, permettant l'admission du mélange gazeux, fait communiquer le cylindre avec un collecteur C commun à deux cylindres ; l'autre E, sert à l'échappement, il met en communication le cylindre avec une canalisation d'échappement commune à tous les cylindres.

La partie du cylindre parcourue par le piston du plus faible diamètre est entourée d'une circulation d'eau. La canalisation d'échappement est également refroidie.

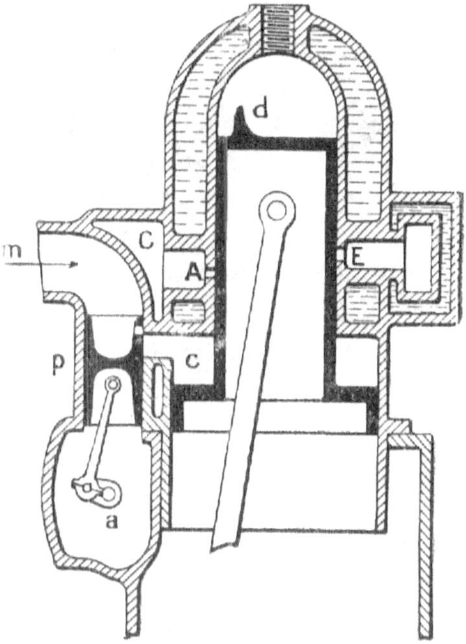

Fig. 33.- Schéma du moteur Sautter-Harlé.

La partie la plus large du piston forme pompe aspirante et foulante. Cette pompe est complétée par deux petits pistons *p* formant tiroirs, portant des ouvertures latérales et entraînés par un arbre auxiliaire *a* tournant à une vitesse angulaire moitié de celle de l'arbre principal. Le second piston tiroir n'est pas figuré ; il est placé à côté de celui qu'on voit, il commande le refoulement du mélange gazeux comprimé dans le collecteur d'admission *c*.

Examinons d'abord comment fonctionne le dispositif d'admission. Lorsque le piston principal descend, le piston auxiliaire descend également et découvre l'ouverture du cylindre, de telle sorte que le mélange gazeux est aspiré par *m* dans la chambre *c*.

Lorsque le piston principal remonte, le piston *p* continue à descendre (puisque son arbre d'entraînement tourne à demi-vitesse) et la chambre *c* est close ; la compression du mélange gazeux s'y effectue. À la fin de la course ascendante du piston principal, les gaz comprimés sont envoyés dans le collecteur par le jeu du piston tiroir conjugué.

Le collecteur a un volume plus grand que celui d'une cylindrée. Le fonctionnement du piston moteur est alors facile à comprendre :

l'explosion venant de se produire, le piston descend et découvre d'abord l'orifice d'échappement E, ce qui provoque l'évacuation de la majeure partie des gaz brûlés. L'ouverture d'admission A est ensuite découverte ; le mélange gazeux comprimé vient frapper sur le déflecteur *d*, qui le dirige vers le fond de la culasse ; de cette façon, le mélange gazeux frais chasse les gaz brûlés restant dans le cylindre.

Ce moteur présente en outre les particularités suivantes :

Les organes de distribution sont commandés par des engrenages.

Les départs en arrière sont impossibles, car la distribution dédoublée que nous venons de décrire assigne au moteur un sens de rotation

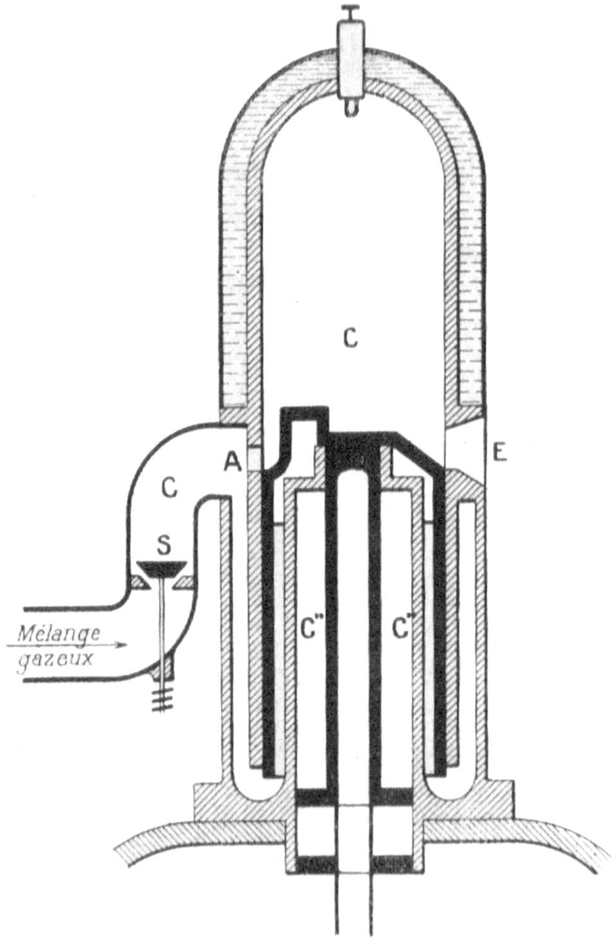

Fig. 34. – Schéma du moteur Billon et Brolliet.

déterminé ; on sait qu'il n'en est pas de même pour la plupart des autres moteurs à deux temps dont la distribution est faite à chaque tour de l'arbre principal.

Un assez grand nombre de moteurs comportent le piston à deux diamètres se déplaçant dans un cylindre à double alésage. Les gaz comprimés sont renvoyés par un tube latéral, dans la chambre de travail, lorsque le piston moteur découvre la lumière d'admission. Nous citerons dans cet ordre d'idées les moteurs **Amar** (**brevet n°319327 du 5 mars 1912**), **Brillié** (**brevet n° 340142 du 3 février 1904**). **Gogolinski** (**brevet n° 412 431 du 9 février 1910**), **Millou** (**brevet n° 421 220 du 4 octobre 1910**).

Dans d'autres moteurs, le dispositif de distribution a été réduit à sa plus simple expression. C'est le cas du moteur **Billon et Brolliet** (**brevet n° 421289 du 10 octobre 1910**). Comme dans le moteur Golmant, précédemment décrit, la tige du piston est guidée par une enveloppe cylindrique, dont le but est d'éviter toute communication entre le carter et la partie supérieure du moteur (fig. 34). L'aspiration du mélange gazeux est effectuée à travers la soupape automatique *s* lorsque le piston s'élève. Lorsque ce dernier redescend, il masque la lumière d'admission A et comprime le mélange gazeux dans la chambre C' et dans l'espace annulaire C". L'admission de ce mélange dans la chambre d'explosion C ne se produit qu'à fond de course, lorsque le piston découvre la lumière d'admission A (position indiquée sur la figure).

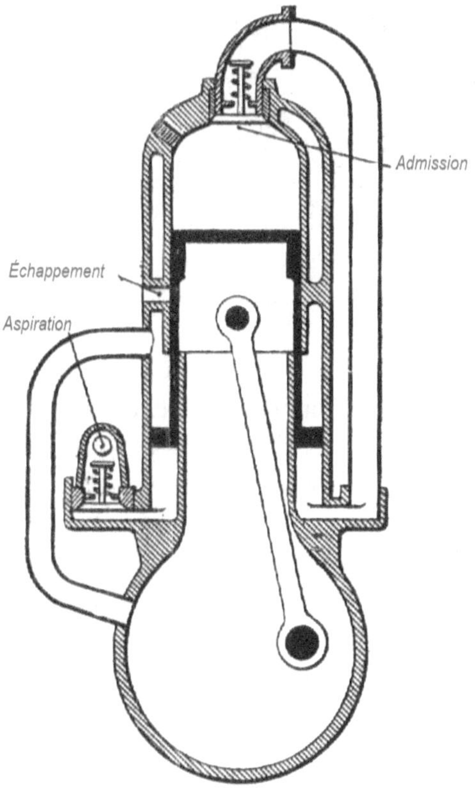

Fig. 35. - Moteur Dubois et Uzac.

Dans le moteur **Dubois et Uzac** (fig. 35), le piston a deux diamètres ; sa partie interne inférieure frotte sur une paroi cylindrique, de telle sorte que l'embase du piston se déplace dans un corps de pompe annulaire. L'aspiration se fait au travers d'une soupape ; le mélange est transvasé par un tube extérieur qui vient déboucher au sommet du cylindre. Il est fermé par une soupape. L'échappement se produit à fond de course.

Dans le moteur **Legros** (**brevet n° 404821 du 7 juillet 1909**), la chambre de compression affecte une forme analogue, mais la distribution est assurée par un tiroir rotatif. Nous insisterons particulièrement sur ce moteur dont la mise au point est actuellement parfaite.

Dans ce moteur, les cylindres ont un fonctionnement indépendant.

Chaque cylindre comporte des ouvertures A pour l'admission du mélange gazeux et des ouvertures E pour l'échappement des gaz brûlés (fig. 36). Un piston mobile P, tout en se déplaçant dans le cylindre comme un piston ordinaire, se déplace aussi relativement à un piston fixe P', placé de telle façon qu'il empêche toute communication entre le carter et la chambre de compression comprise entre lui et le piston mobile.

Dans le piston fixe est ménagé un canal C, qui relie la chambre de compression à une valve rotative de distribution D, calée sur l'arbre a_3 tournant à demi-vitesse de l'arbre principal a_1. Cette valve permet d'établir une communication soit entre le canal d'aspiration venant du carburateur et le canal C du piston fixe, soit entre la chambre K et le même canal.

Les arbres a_1, a_2 et a_3 (ce dernier commandant la magnéto) sont munis de pignons dentés et réunis par une chaîne sans fin.

Examinons maintenant le fonctionnement de ce moteur :

Supposons le piston P descendant dans le cylindre, arrivé vers le bas de sa course ; il découvre d'abord l'orifice E et les gaz brûlés s'échappent, puis l'orifice A est découvert.

Supposons que la chambre comprise entre le piston fixe et la paroi intérieure du piston mobile soit remplie de mélange gazeux ainsi que le canal C, ce mélange est comprimé pendant la période descendante du piston. La valve rotative ouvrant, à ce moment, un passage entre cette chambre et la chambre K, le mélange carburé pénètre dans cette dernière. Lorsque le piston, terminant sa course descendante, découvre l'orifice A, le mélange pénètre dans la chambre B. Le jet est dévié par le

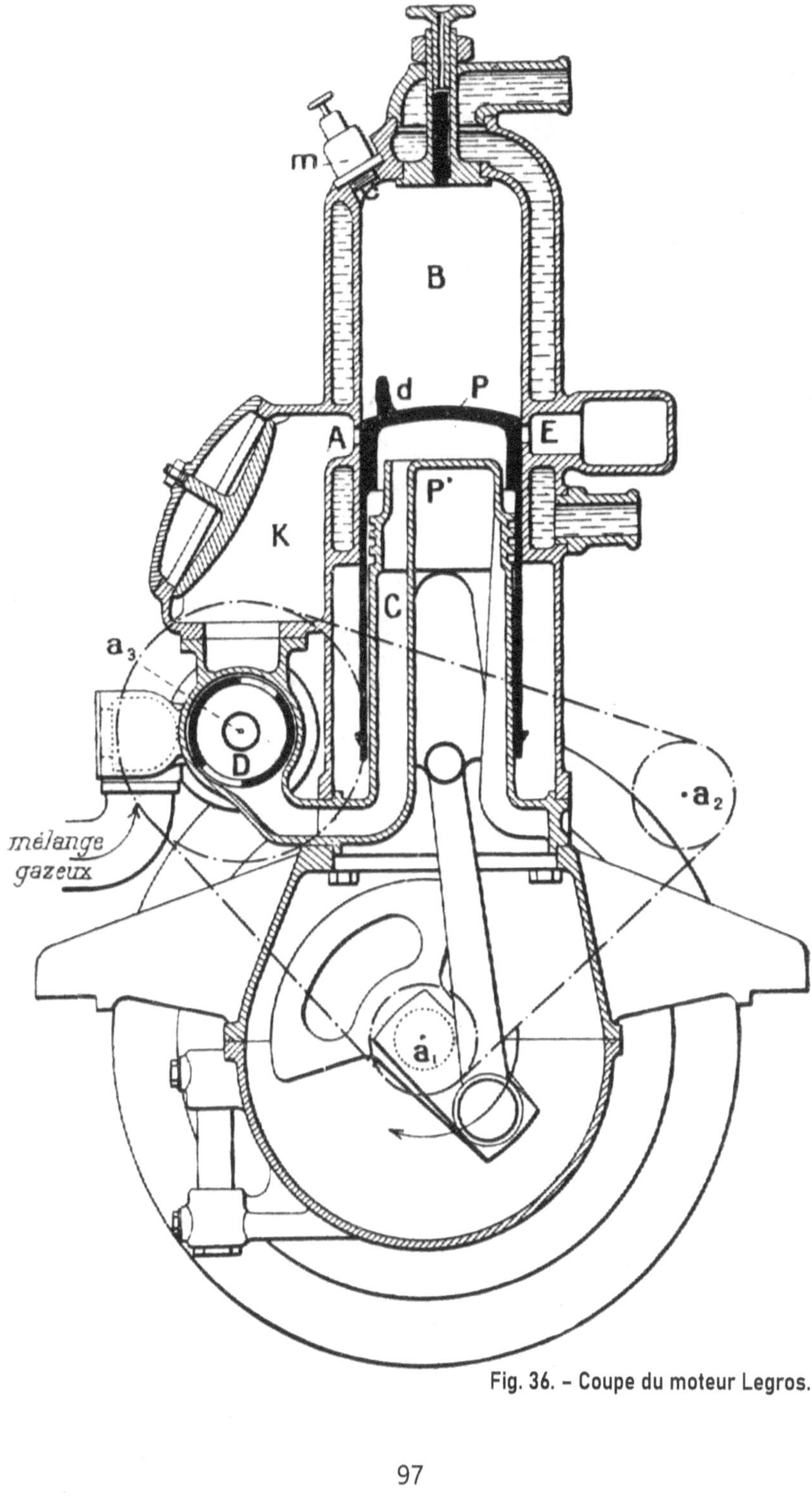

Fig. 36. - Coupe du moteur Legros.

déflecteur *d* et le mouvement qui lui est donné contribue à chasser les gaz brûlés restant dans le cylindre, par l'orifice E encore ouvert.

Pendant que le piston remonte, la valve D met en communication le canal C et le carburateur et, sous l'influence de la dépression créée par le mouvement du piston, le mélange gazeux est introduit dans la chambre comprise entre les deux pistons.

Résultats d'essais. Au concours des moteurs à deux temps, dont les épreuves eurent lieu au Laboratoire d'essais de l'Automobile-Club de France, le moteur Legros a donné les résultats consignés dans le tableau ci-après :

Moteur Legros (2 cyl. 100 x 120).

Essais effectués au Laboratoire de l'Automobile-Club de France.

ESSAI	VITESSE ANGULAIRE moyenne en t : m.	PUISSANCE moyenne en chevaux.	CONSOMMATION totale en essence, en kg. par heure.	CONSOMMATION spécifique en essence, en kg. par cheval-heure.	OBSERVATIONS	
A pleine charge.	967,5	12,5	6,133	0,500	*Durée de l'essai.*	6 heures.
A demi-charge .	921,25	5,40	4,100	0,750		3 —
A vide.	920	»	3,900	»		3 —

Des essais, effectués depuis cette époque, d'une part sur un moteur à quatre cylindres de 90 millimètres d'alésage et 120 millimètres de course et, d'autre part, sur un moteur à deux cylindres de 100 millimètres d'alésage et 120 millimètres de course, ont permis de tracer les courbes reproduites ci-après (fig. 37). Les courbes montrent que la puissance de tels moteurs est sensiblement constante pour des vitesses angulaires comprises entre 800 et 1.500 tours par minute, ce qui constitue une très précieuse qualité.

Parmi les moteurs de cette catégorie qui ont été réalisés et dont la mise au point a été étudiée, nous trouvons encore le moteur **Peugeot**, **Tony-**

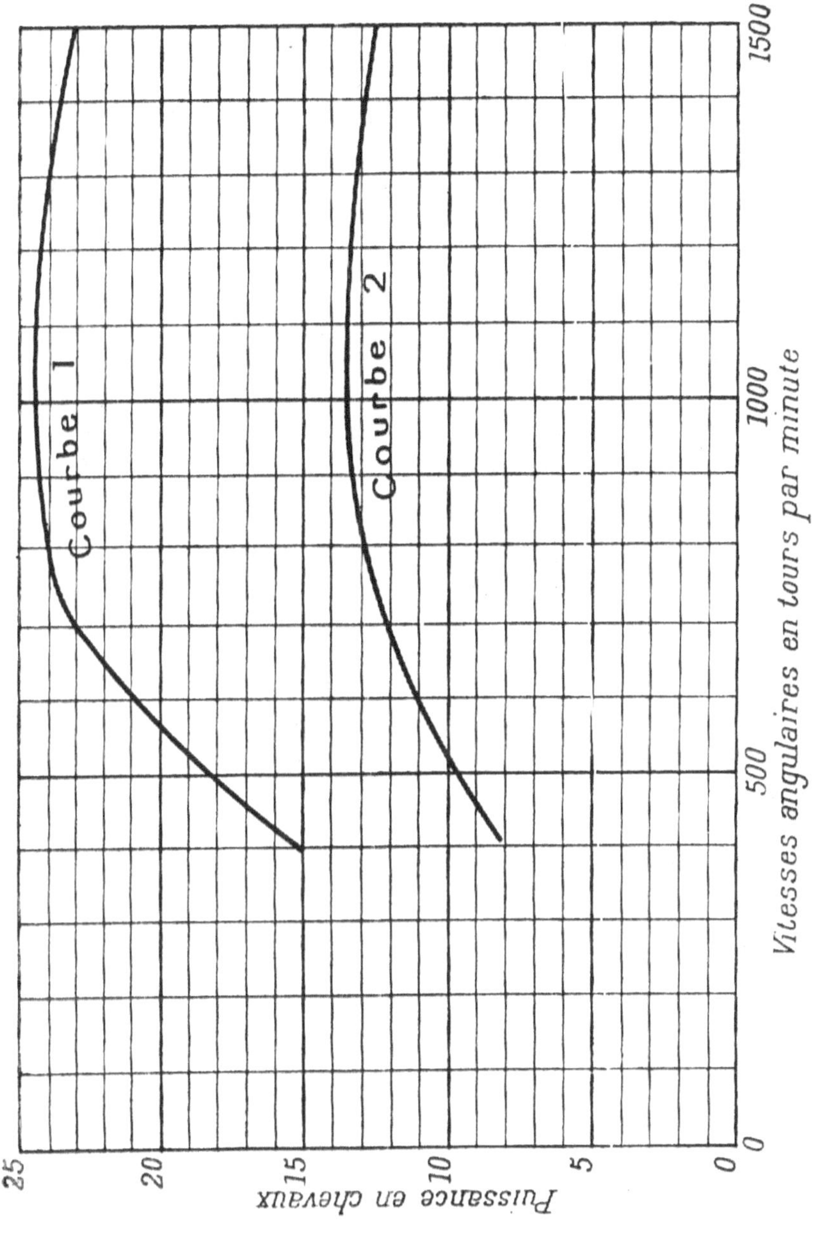

Fig. 37. — Essais du moteur Legros.
Courbe 1 : Moteur 4 cylindres 90 X 120. — Courbe 2 : Moteur 2 cylindres 100 X 120.

Huber (brevet n° 367 356 du 22 juin 1906). Ce moteur ne comporte qu'un cylindre vertical (fig. 38). Dans ce cylindre sont ménagées deux séries de deux ouvertures F pour l'admission du gaz frais et une ouverture E pour l'échappement des gaz brûlés.

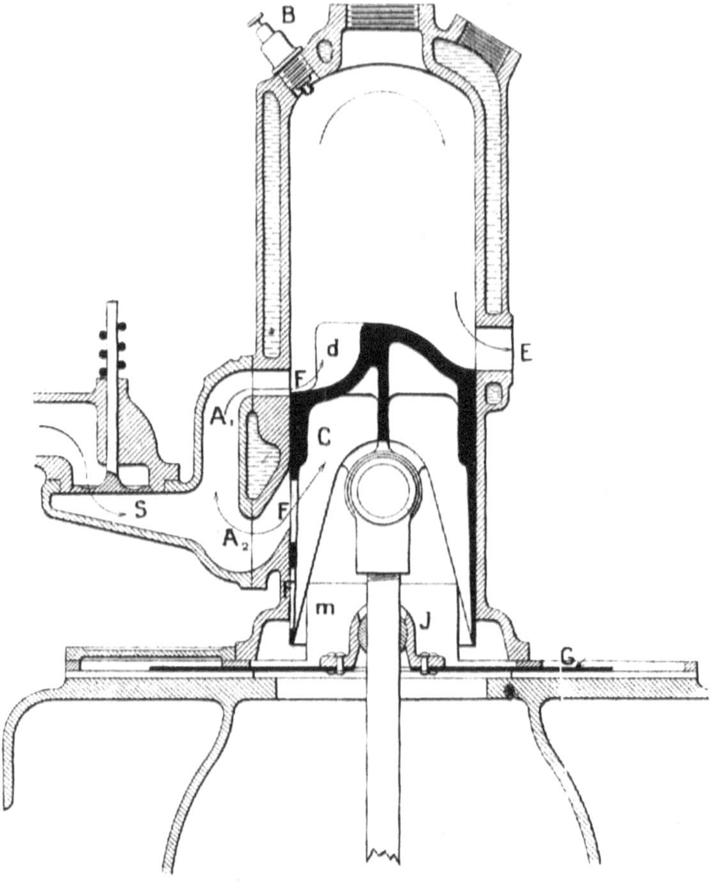

Fig. 38. - Schéma du moteur Peugeot, Tony-Huber.

Le piston d'aluminium, dont la partie supérieure est munie d'un déflecteur *d* est percé de deux séries de fenêtres F, par lesquelles le mélange gazeux pénètre dans la chambre de compression C. Cette chambre est fermée, à sa partie inférieure, par une glissière G qui l'isole du carter. Cette glissière est animée d'un mouvement de va-et-vient, dans un plan horizontal, résultant de l'oscillation de la bielle. Un joint rotulaire J assure la liaison de la bielle et de la glissière.

À l'intérieur de la chambre de compression est une masse *m* fixe, dont le rôle est de diminuer le volume de cette chambre et d'augmenter, par conséquent, la valeur de la compression.

En S est une soupape automatique permettant l'admission des gaz frais dans les canaux A_1 et A_2.

Fonctionnement. — Supposons le piston en haut de sa course au moment où l'explosion vient de se produire. Les canaux A_1 et A_2 sont en communication avec la chambre C ; en effet, d'une part, la série inférieure des fenêtres F établit la communication entre le canal A_1 et la chambre C ; d'autre part, le piston ayant complètement découvert l'ouverture du canal A_2, la chambre C est encore en communication avec ce canal.

Moteur Peugeot, Tony-Huber (1 cyl. de 140 x 140).

Essais effectués au Laboratoire de l'Automobile-Club de France.

SPÉCIFICATION de l'Essai.	VITESSE ANGULAIRE moyenne en t : m.	PUISSANCE moyenne en chevaux.	CONSOMMATION totale en essence, en kg.	CONSOMMATION spécifique en essence, en kg par cheval-heure.	OBSERVATIONS [1]
A pleine charge.	1401,4	12,86	5,116 en 1 heure.	0,397	Durée de l'essai : 6 heures.
A demi-charge.	1427,6	6,40	4,430 en 1 heure.	0,690	3 —
A vide.	900	»	2,960 en 1 heure.	»	3 —

La chambre C, ainsi que les canaux A_1 et A_2, sont remplis de mélange, gazeux.

Le piston, en descendant, comprime ce mélange aussi bien dans la chambre C que dans les canaux, car la communication entre cette chambre et ces canaux ne cesse d'être établie pendant la période de descente. À fond de course, l'orifice E est ouvert et les gaz brûlés s'échappent, tandis que les gaz frais sont introduits au-dessus du piston, par A_1, à la faveur de la pression qu'ils possèdent. Le déflecteur les dirige vers la culasse et ils contribuent à l'expulsion des gaz brûlés. En remontant, le piston ferme les ouvertures A_1 et E et comprime la cylindrée qui va être allumée par la bougie B.

On peut remarquer que la chambre C est toujours en communication avec les canaux A_1 et A_2, de telle sorte que la soupape S, soumise à un effet progressif, ne vibre pas sur son siège.

Dans le même ordre d'idées est conçu le moteur Triphasé. L'inventeur s'est attaché à éviter la première phase de compression du mélange gazeux.

Le moteur « Triphasé » comporte trois cylindres dont les pistons sont reliés à des manivelles calées à 120° l'une de l'autre (fig. 39). La tubulure de refoulement du mélange gazeux d'un cylindre est reliée à la tubulure d'admission du cylindre suivant dans l'ordre de succession des explosions. Par exemple, les explosions ayant lieu dans l'ordre 1, 2, 3, le cylindre 1 alimente le cylindre 3, le 2 alimente le 1 et le 3 alimente le 2.

Voyons comment cette alimentation est réalisée. Dans chaque cylindre se meut un piston à double diamètre. La partie supérieure se déplace dans le cylindre moteur, la partie inférieure dans un fourreau. Deux chambres sont ainsi ménagées, l'une C est la chambre d'explosion, l'autre C' est une chambre dans laquelle le mélange est préalablement aspiré à travers la soupape automatique S. La tubulure de refoulement T débouche dans le boisseau d'un robinet R à trois voies. Dans le même boisseau viennent déboucher un tube le reliant à la chambre C' et un tube T' allant s'ouvrir dans la chambre d'explosion (ce tube est muni d'une soupape automatique S').

On voit donc que l'admission des gaz dans la chambre d'explosion dépend de la position du robinet R.

Les trois chambres C' communiquent ensemble et aboutissent à un seul conduit à soupape unique, relié au carburateur.

Voici maintenant comment fonctionne ce moteur : lorsque le piston découvre les orifices E d'échappement, le refoulement est déjà commencé dans le cylindre qui l'alimente, la pression est faible et suffit tout juste, à la faveur de la dépression résultant de l'échappement, à parfaire le balayage des gaz brûlés. Lorsque les orifices E sont recouverts par le piston, au cours de l'ascension de ce dernier, la compression du mélange

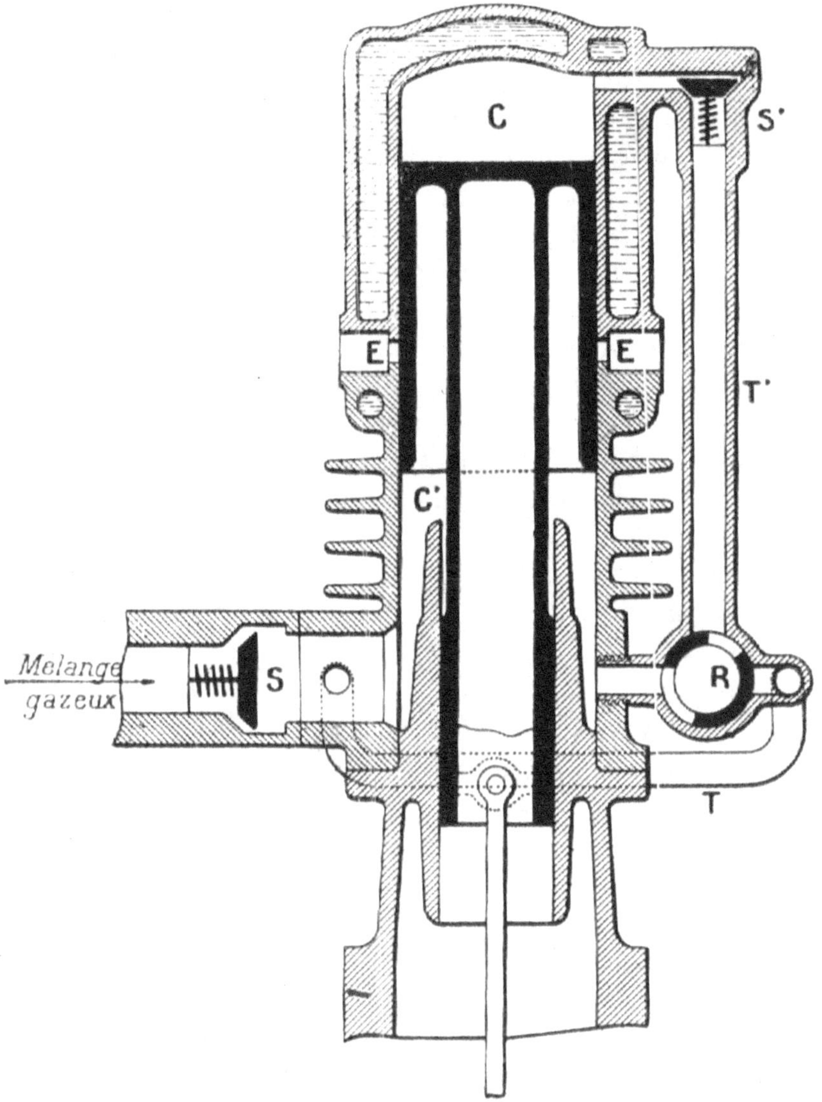

Fig. 39. – Schéma du moteur « Triphasé ».

se continue simultanément dans les deux cylindres communiquant et, lorsque l'un des pistons est arrivé à fond de course, il a refoulé la totalité du mélange dans l'autre.

À ce moment, la soupape d'admission se ferme et la compression finale se complète dans la culasse. Il n'y a donc pas de travail perdu : l'introduction du mélange gazeux est obtenue non par la détente d'un mélange préalablement comprimé, mais d'une façon continue et sous pression constante.

Le moteur anglais **Hooper** est basé sur un principe analogue mais il possède, comme le moteur Peugeot-Tony-Huber, une séparation à glissière qui isole du carter la partie du cylindre comprise au-dessous du piston, partie dans laquelle ont lieu l'aspiration du mélange et la production de la pression nécessaire au transvasement.

Dans cette catégorie se trouve également le moteur **Kœchlin** que nous décrivons dans le paragraphe consacré aux dispositifs de distribution.

Le moteur **C.-V. Thomas** monté sur les voitures A. S. S. est à deux cylindres verticaux et jumelés. Il est parfaitement équilibré, ses deux bielles étant attelées sur un arbre-manivelle à deux coudes calés à 180°.

En voici les données numériques :

Nombre de cylindres : 2 en un seul groupe.

Calage des manetons	180°
Alésage supérieur	85 mm
Alésage inférieur	115 —
Course	110 —
Régime	1.500 tours/mn
Puissance en C.V	14 environ.

Dans ce moteur, la course de détente occupe la plus grande partie du deuxième temps.

Dès que le piston a recouvert, en remontant, les lumières qui servent à l'admission et à l'échappement, la compression se produit, c'est le premier temps du cycle, suivi de l'inflammation et de l'explosion qui constituent le deuxième temps.

La pompe formée par une embase adaptée au prolongement du piston, n'est pas soumise à la température d'explosion, ce qui est très important au point de vue du chargement de la cylindrée utile, et communique tantôt avec le carburateur, tantôt avec la chambre d'attente par des lumières convenablement disposées et commandées, comme ou le verra plus loin, au moyen d'un distributeur unique pour les deux cylindres, le refroidissement s'effectue par thermo-siphon.

Ainsi qu'on le voit sur la figure 40, les deux cylindres ne sont pas conjugués, c'est-à-dire que chacun d'eux pourrait au besoin fonctionner seul de façon autonome. La capacité inférieure et annulaire sert de chambre d'aspiration et de brassage ; elle est simplement reliée au carburateur

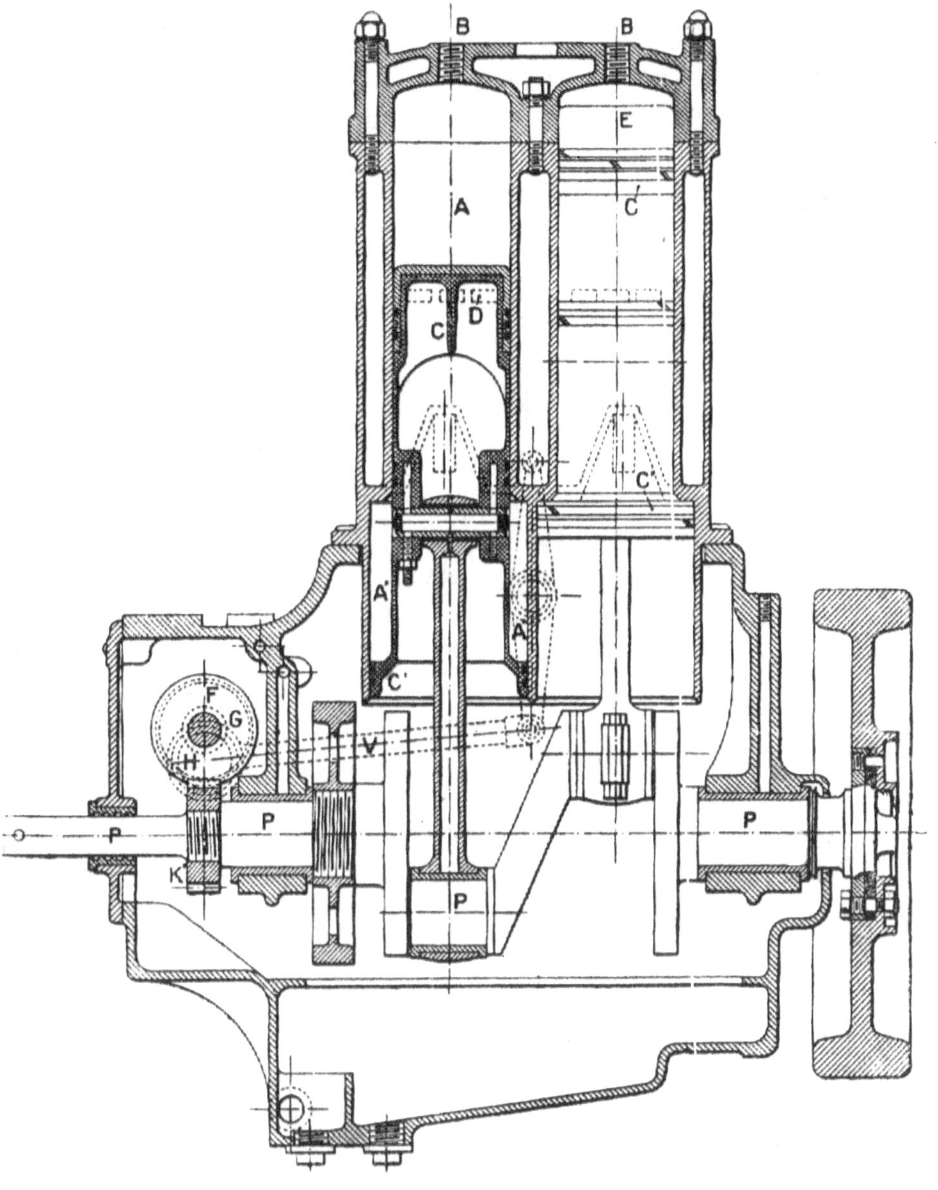

Fig. 40.

par une simple canalisation. L'autre, supérieure et cylindrique, sert de chambre de compression, d'allumage et de détente, elle communique avec la chambre de relais à l'aide de lumières de section suffisante.

Cette chambre de relais ou d'attente est commune aux deux cylindres de travail ; les gaz qui y sont contenus, sous faible pression, ne peuvent pénétrer qu'au moment voulu, dans les chambres de détente, et ce lorsque le piston moteur lui-même qui, par sa conformation forme tiroir, démasque les orifices inférieurs de gauche, lorsqu'il est au bas de sa course.

À cet instant, les gaz frais, peu comprimés dans ladite chambre d'attente, sont admis « sous pression » et non « par dépression » dans le cylindre.

La distribution de la chambre de relais aux cylindres se fait simplement par des lumières latérales que les pistons découvrent ou obstruent à fin de courses.

L'échappement se produit aussi à fond de course par des lumières diamétralement opposées aux précédentes également ménagées dans la paroi du cylindre. Les gaz qui ne sont pas totalement évacués par leur propre tension, à la fin du premier temps, achèvent de sortir au commencement du second, tandis que le cylindre moteur se remplit de gaz frais emmagasinés à cet effet dans la chambre d'attente.

Cet air carburé expulse complètement le reste des gaz résiduels et cela d'autant mieux que le volume aspiré peut être supérieur au volume détendu. Le piston différentiel remplit donc une triple fonction, la surface de son épanouissement inférieur est utilisée comme pompe d'aspiration et de refoulement, tandis que le fourreau est employé comme obturateur et que le fond supérieur est destiné à recevoir la poussée motrice de la déflagration.

Le chargement de la chambre de relais se fait alternativement par chaque pompe et par l'intermédiaire d'un distributeur unique qui, fonctionnant comme un robinet à trois voies, met successivement chaque corps de pompe en communication : à l'aspiration avec le carburateur, au refoulement avec la chambre d'attente.

Cet organe de distribution unique commandant les gaz venant du carburateur et allant aux pompes, les gaz refoulés par les pompes et entrant dans la chambre, est constitué au moyen d'un tiroir à déplacement alternatif combiné avec un jeu de lumières et actionné par une biellette horizontale, laquelle reçoit son mouvement d'un renvoi par vis hélicoïdales. Cet organe de distribution est la caractéristique du système.

B. — MOTEURS DANS LESQUELS LE MÉLANGE GAZEUX EST ASPIRÉ DANS LE CARTER PAR LE PISTON MOTEUR

L'aspiration du mélange gazeux dans le carter est une des solutions que l'on rencontre le plus souvent. Elle s'est surtout généralisée à cause de la simplification des réalisations qu'elle permet surtout pour les petits moteurs à très bas prix de revient tels que les moteurs de motocyclettes, mais cette solution n'est pas exempte d'inconvénients.

1. - Le mélange gazeux entraîne une certaine quantité d'huile de graissage dans la chambre d'explosion, ce qui peut avoir pour résultat d'encrasser les appareils d'allumage ;

2. - Au bout d'un certain temps de fonctionnement, il se produit des fuites autour de l'arbre-manivelle, de sorte que les cylindrées sont de moins en moins bien remplies, ce qui correspond, d'ailleurs, à une augmentation de consommation en combustible ;

3. - Si le moteur travaille dans une atmosphère poussiéreuse, les poussières pénètrent dans le carter, encrassent les organes enfermés dans ce dernier et peuvent contribuer à leur usure ;

4. - Le mélange gazeux est comprimé dans une cavité de forme quelconque, les espaces nuisibles sont exagérés ; de plus, les gaz sont plus ou moins échauffés par la proximité de la chambre d'explosion : tout concourt donc à donner à cette pompe un mauvais rendement.

Mais les constructeurs ont parfois tiré parti de ces inconvénients même pour simplifier leur groupe moteur dans le cas de l'emploi du deux temps à aspiration dans le carter. Ainsi le lubrifiant et le carburant sont mélangés dans un même réservoir et c'est ce mélange qui arrive au carburant et qui est entraîné dans la tubulure d'aspiration ; la lubrification de tous les organes du moteur est ainsi facilement assurée sans emploi d'aucun dispositif spécial de graissage.

L'expérience a montré que pour les moteurs de motocyclette en particulier, ce dispositif a donné d'excellents résultats, et l'inconvénient de l'encrassement des bougies que l'on pouvait craindre a été facilement évité.

Hugo Güldner estime que, si l'on veut profiter convenablement des avantages du cycle à deux temps, il faut absolument comprimer le mélange gazeux au moyen d'une pompe indépendante.

L'utilisation du carter pour la compression de l'air entrant dans la formation du mélange gazeux a été brevetée pour la première fois en 1895 par **Sohnlein.**

Dans ce moteur (**brevet suisse, n°4 395**) , le piston, en remontant, crée une certaine dépression dans le carter (fig. 41). Au moment où le piston découvre le conduit *a*, de l'air pur pénètre dans le carter. Lorsque le piston descend, il comprime cet air et, au moment où il occupe la position indiquée sur la figure, cet air, en pénétrant dans la chambre C,

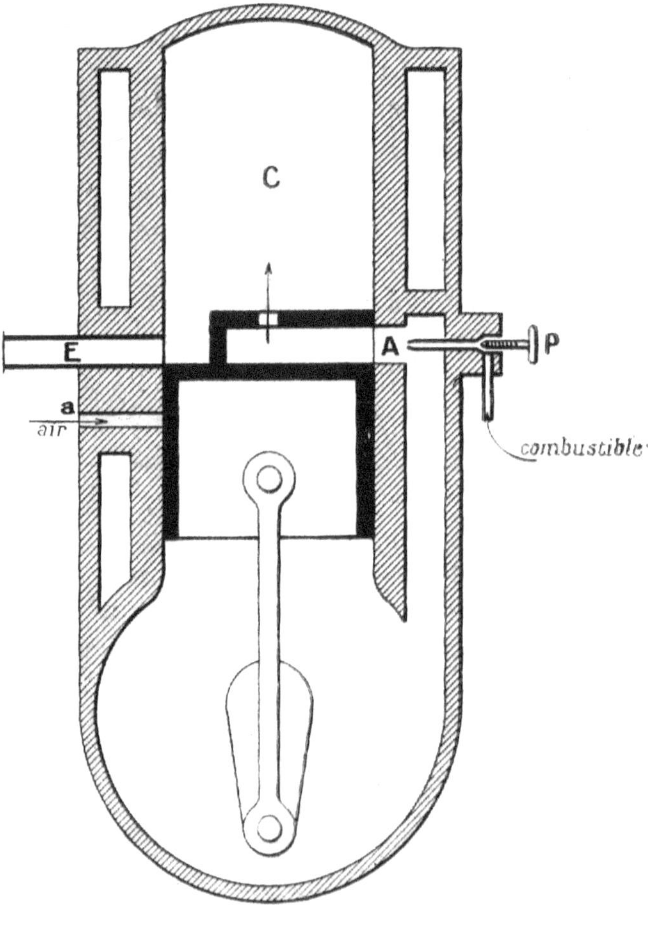

Fig. 41. – Schéma du moteur Sohnlein.

entraîne une certaine quantité de combustible, dont le débit est réglé par le pointeau *p*. Le mélange gazeux, pénétrant dans la chambre C par l'orifice ménagé dans le double fond du piston, chasse les gaz brûlés qui se trouvent dans cette chambre jusqu'au moment où le piston, remontant pour comprimer la charge, ferme l'orifice d'échappement E.

Ce moteur n'a pas été réalisé. Il est facile de prévoir que le balayage des gaz brûlés aurait été très incomplet, étant donné la disposition de l'orifice d'admission par rapport à celui d'échappement.

Ce premier moteur présente en outre un des inconvénients signalés plus haut : l'espace nuisible de la pompe de compression est exagéré, de sorte que cette pompe travaille dans de mauvaises conditions.

Mais le dispositif le plus généralement employé est décrit ci-dessous.

Considérons la figure 42, schéma 1, qui représente un moteur où le piston monte dans le cylindre ; ce piston crée un vide partiel dans le carter, et, quand il atteint un certain point de sa course ascendante, il découvre un orifice A de la paroi du cylindre, par lequel la charge combustible passe du carburateur dans le carter. Pendant la course descendante suivante, l'ouverture A se ferme d'abord, masquée par le piston. La charge combustible est légèrement comprimée dans le carter; cette compression étant d'environ 4 à 500 grammes par centimètre carré. Au moment où le piston arrive près du point mort bas, il découvre une ouverture B qui met en communication le carter avec le cylindre (voir schéma 2), et la charge combustible sous pression passe du carter dans l'intérieur du cylindre. Dès que le piston recommence à remonter, il ferme l'ouverture B, et pendant le reste de la course ascendante, il comprime la charge dans le cylindre. Quand le piston arrive au point mort haut, l'étincelle jaillit, et les gaz sous pression le chassent vers le bas. Au moment où le piston arrive près du point mort bas, il découvre l'ouverture d'échappement C qui est percée dans la paroi du cylindre en face de l'ouverture B (voir schéma 3) et les gaz brûlés qui sont alors à une pression considérable s'échappent par cette ouverture.

On remarquera que l'ouverture d'échappement C s'ouvre un peu plus tôt que l'ouverture d'admission B, et une grande partie des gaz brûlés s'échappent avant que la charge des gaz frais ne passe par l'ouverture B ; le reste des gaz brûlés est balayé par les gaz frais qui arrivent.

Il est naturellement impossible d'être certain que la totalité des gaz brûlés s'échappent et qu'aucune portion de gaz frais ne suit la même

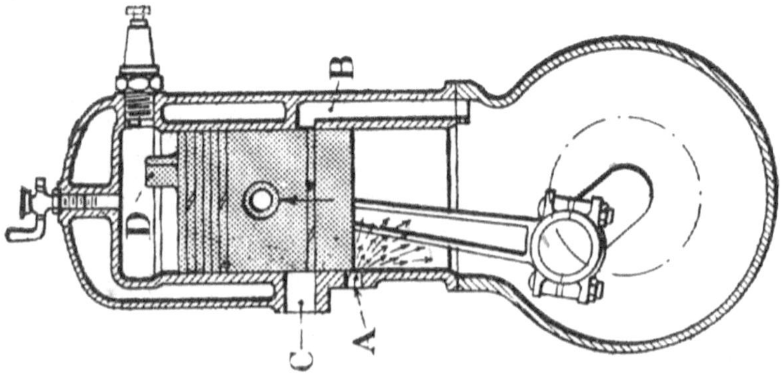

Schéma 1.

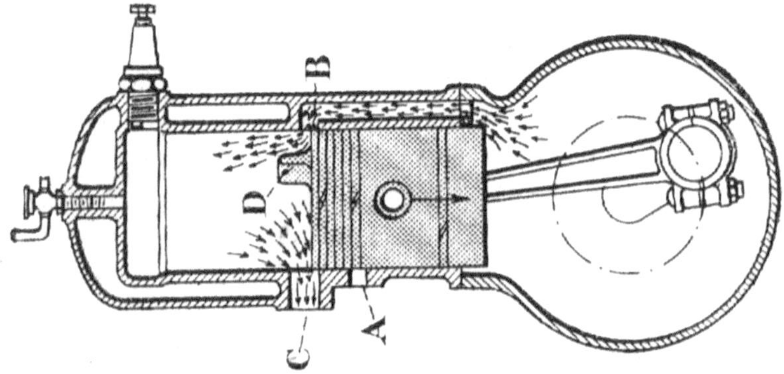

Schéma 2.

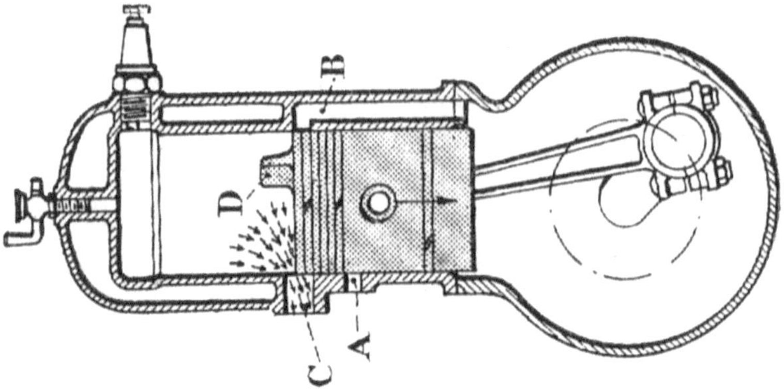

Schéma 3.

voie. Mais de façon à éviter autant que possible le mélange des gaz frais avec les gaz brûlés, un déflecteur D est ménagé sur le fond du piston, qui guide les gaz frais qui arrivent par l'ouverture B vers le fond de la culasse, schéma 2.

L'évacuation du cylindre par les gaz brûlés et le remplissage par les gaz frais s'opèrent donc, simultanément. Par suite, les périodes d'admission et d'échappement mesurées en degrés sur le mouvement du vilebrequin, sont très brèves. On considère que tandis que dans un moteur à quatre temps, l'admission s'étend sur une période correspondant à environ 200° du mouvement du vilebrequin et l'échappement sur une période correspondant à 230°, dans un cylindre à deux temps, l'admission correspond à moins de 90° du mouvement du vilebrequin, et l'échappement à un peu moins de 120°.

Admission dans le carter. — Ce moteur a été établi avec aspiration des gaz frais venant du carburateur à travers une soupape ; ce type est connu sous le nom de moteur à deux ouvertures et il est très employé comme moteur marin. Comme la dépression dans le carter est toujours assez faible, la force qui agit sur la soupape est très petite, et on peut s'attendre à ce que l'inertie de la soupape ait une très grande influence sur le fonctionnement du moteur ; en fait, ce type de moteur n'a jamais pu atteindre des vitesses angulaires élevées.

Le type de moteur à deux temps illustré par les schémas 1 à 3 de la figure 42 est connu sous le nom de *moteur à trois ouvertures*. Dans ce type une ouverture est ménagée dans la paroi du cylindre de façon qu'elle soit découverte par le bord inférieur du piston, lorsque celui-ci arrive près de son point mort haut, et comble à ce moment il y a un vide partiel dans le carter, les gaz frais sont aspirés du carburateur dans le carter. Cette ouverture s'ouvre et se ferme mécaniquement, mais elle reste ouverte relativement longtemps. La succion au carburateur commence et finit brusquement, circonstance qui exige une étude spéciale du carburateur.

La figure 43 montre une forme d'ouverture d'admission dans le carter manœuvré mécaniquement, mais qui s'ouvre et se ferme graduellement pendant une période assez longue. Une plaque A qui est percée d'une ouverture d'admission est boulonnée sur un regard percé dans le carter. Un disque B qui porte une ouverture formant tiroir, se déplace devant la plaque A à l'intérieur et son mouvement est commandé par le vilebrequin et à la même vitesse que lui.

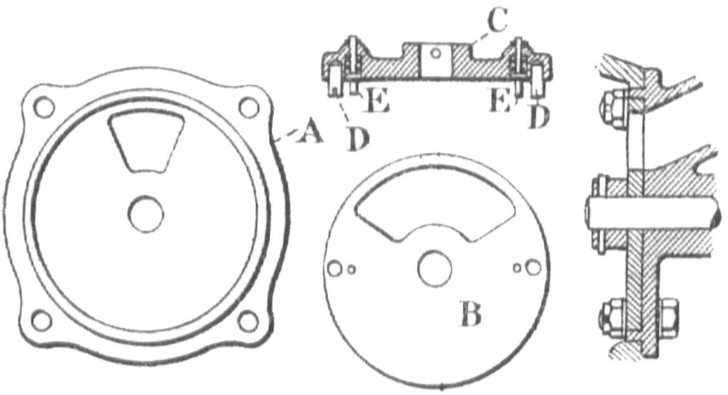

Fig. 43.

La commande se fait au moyen, d'un plateau C claveté sur l'arbre et muni de deux tétons DD qui conduisent le disque B et les deux bonshommes EE munis de ressorts qui appuient constamment le disque B contre la plaque A.

Avec ce type d'ouverture d'admission, les gaz frais peuvent entrer dans le carter pendant 135° de la rotation du vilebrequin ou même un peu davantage. Le disque valve peut être disposé concentriquement au palier du vilebrequin et conduit directement par le vilebrequin, seulement, dans ce cas le frottement devient assez élevé. Un dispositif assez analogue consiste aménager des ouvertures dans un des paliers du vilebrequin et dans son support. Ces ouvertures fonctionnent exactement comme le disque valve qu'on vient de décrire.

Étude du carter

Le carter d'un tel moteur à deux temps diffère à bien des égards de celui d'un moteur à quatre temps. D'abord, il doit être aussi petit que possible de façon qu'on obtienne une compression suffisante de la charge.

Supposons que le carter se remplisse à une pression absolue de 1 kilogramme par centimètre carré, et admettons que nous voulions opérer une compression préalable d'un demi-kilogramme par centimètre carré, soit 1 kilogramme et demi absolu : on peut alors calculer ainsi qu'il suit le volume du carter. Étant donnée la faible importance de la compression on peut admettre que la pression varie comme l'inverse du volume. La compression commence quand l'ouverture d'admission se ferme, et finit quand l'ouverture de passage dans le cylindre s'ouvre. Nous supposons que le moteur dont nous nous occupons a 100 millimètres d'alésage et 112 millimètres de course, qu'il est du type à trois ouvertures, que les ouvertures d'admission dans le carter et de passage dans le cylindre ont 12 millimètres de large, et que leurs lèvres extrêmes se trouvent aux limites de la course du piston. La compression commence alors quand le piston a parcouru 12 millimètres de sa course descendante, et se termine quand il a parcouru 100 millimètres et qu'il lui reste encore 12 millimètres à parcourir.

Appelons V*i*, le volume initial de la charge, et V*f* son volume final. La réduction de volume de la charge pendant la compression est égale au volume du cylindre de 100 millimètres de diamètre et de 88 millimètres de hauteur, c'est-à-dire :

$$\pi \ ((50^2 \times 88) \ / \ 100) \ = \ 690 \text{ centimètres cubes.}$$

Par conséquent :

$$v_i \ / \ v_f \ = \ 3/2 \quad \text{et} \quad v_i - v_f = 690$$

D'où l'on tire :

$$v_i \ = \ 1{,}5 \ v_f$$

$$0{,}5 \ v_f \ = \ 690$$

$$v_f \ = \ 1.380 \text{ centimètres cubes.}$$

C'est-à-dire que la capacité du carter au moment où l'orifice de passage s'ouvre, quand le piston est à 12 millimètres de son point mort bas, doit être de 1.380 centimètres cubes.

Dans le but de réduire le carter au volume désiré, on a employé plusieurs expédients : d'abord la paroi du carter est dessinée de façon à embrasser aussi étroitement que possible l'enveloppe du vilebrequin pendant son mouvement de rotation, puis, la bielle est aussi courte que possible, soit 1,8 fois la course, et si cela ne réduit pas suffisamment le volume du carter, on emploie un vilebrequin dont les bras sont remplacés par des disques.

La figure 44 montre le diagramme pris sur un moteur à deux temps par Albert L. Clough. Au commencement de la course ascendante, il y a une légère surpression, et cette surpression augmente pendant la première partie de la course, tant que l'ouverture des passages entre le carter et le cylindre reste ouverte : cela est dû vraisemblablement à ce que les gaz frais se réchauffent en prenant contact avec les parois du cylindre, ou bien à un retour des gaz du cylindre dans le carter.

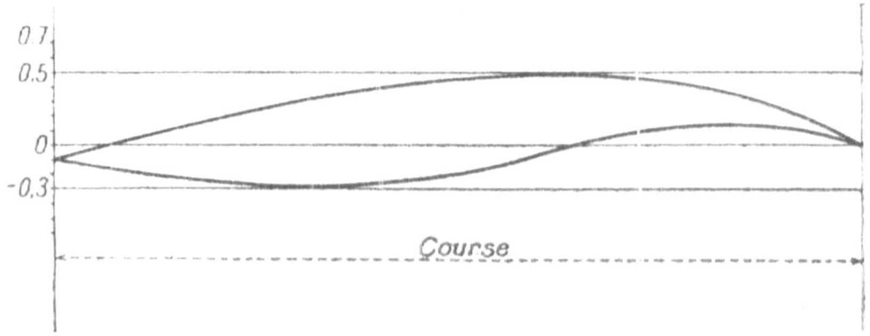

Fig. 44.

Aussitôt après que l'ouverture de passage se ferme, le vide commence à se faire dans le carter, augmentant jusqu'au moment où l'ouverture d'admission s'ouvre elle-même.

Le carter se remplit alors rapidement, et à la fin de la course sa pression est voisine de la pression atmosphérique. Pendant la course de retour, les gaz frais sont comprimés dans le carter, et atteignent une pression d'environ 600 grammes par centimètre carré au moment où l'orifice de passage s'ouvre. La pression tombe ensuite rapidement jusqu'à la valeur de la pression atmosphérique.

Puisque le carter agit comme une pompe, il doit être maintenu complètement étanche.

Dans le moteur du type à trois ouvertures, il est nécessaire de placer un segment en bas du piston pour empêcher les gaz frais comprimés dans le carter de passer autour du piston, et de gagner l'ouverture de passage dans le cylindre.

Il y a également des chances de fuite par les paliers de vilebrequin. De façon à rendre ces fuites aussi petites que possible, ces paliers doivent avoir des dimensions suffisantes et particulièrement une assez grande longueur de façon qu'ils ne s'ouvrent que très lentement. Le graissage à la graisse des paliers favorise l'étanchéité, mais il n'est pas très recommandable pour les moteurs d'automobiles. Le graissage sous pression à l'huile paraît être la meilleure solution. Nous avons également parlé du système consistant à assurer la lubrification du moteur par le mélange du lubrifiant au carburant.

Dans un moteur à deux temps à plusieurs cylindres, le carter doit être divisé en autant de compartiments qu'il y a de cylindres, de façon que chaque piston puisse agir comme pompe.

Ouverture de passage et déflecteur

Du carter, les gaz frais se rendent au cylindre au moment où le piston est au voisinage du point mort bas ; quelquefois l'ouverture de passage est ménagée le long de la paroi du cylindre à travers la partie supérieure du carter, comme il est indiqué dans les schémas de la figure 42. Cependant certains constructeurs préfèrent faire effectuer ce passage au moyen d'une ouverture de forme spéciale ménagée dans la paroi du cylindre, ouverture en face de laquelle vient se placer, au moment voulu, une ouverture convenable percée dans la paroi du piston.

La section transversale du conduit de passage doit être au moins égale à celle de l'ouverture correspondante. Ces trois ouvertures s'étendent environ sur 80° ou 85° de la circonférence du cylindre, mais leur largeur effective est réduite par un pont, placé au milieu, qui a environ 10 millimètres de large.

Ce pont est nécessaire pour éviter que les segments de piston ne sortent de leur logement et ne viennent heurter les lèvres de l'ouverture. Le pont de l'ouverture d'échappement est naturellement porté à haute température, et il faut prévoir dans les cylindres un refroidissement convenable de cet orifice.

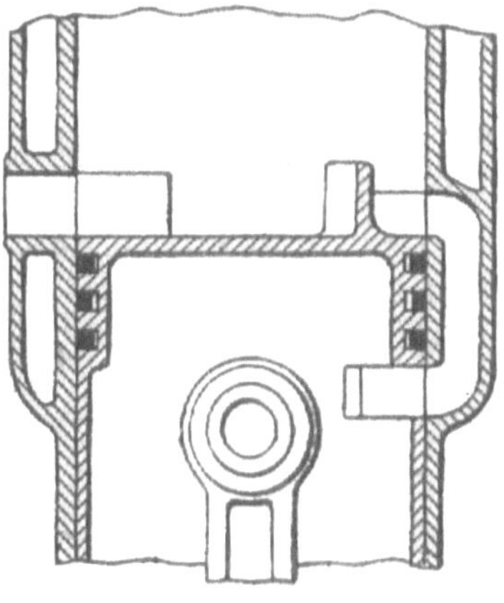
Fig. 45.

C'est une bonne précaution de placer une toile métallique dans le conduit de passage qui va du carter au cylindre, de façon à prévenir les explosions dans le carter. Quand les gaz frais admis dans le cylindre sont pauvres en essence, ils brûlent très lentement et ils peuvent brûler encore au moment où l'orifice de passage s'ouvre. La charge fraîche qui ' arrive du carter est alors facilement allumée et il en résulte une explosion dans le carter qui contient une assez grande quantité de mélange. Le même accident arrive quand l'allumage se fait avec trop de retard ; on évite la propagation de la flamme dans le carter en plaçant comme nous l'avons dit, une toile métallique, en vertu du principe bien connu appliqué aux lampes de mineurs. Cette toile doit naturellement être fixée assez solidement pour résister aux forces qui agissent sur elle, et sa surface doit être suffisante pour qu'elle n'oppose pas un obstacle sensible au passage des gaz.

Pour empêcher les gaz frais de se mélanger aux produits de la combustion, une plaque-déflecteur est généralement prévue sur la tête du piston. La forme du déflecteur varie considérablement d'un moteur à l'autre ; sa hauteur est généralement limitée par la hauteur disponible dans la chambre de compression ; quelquefois, pour augmenter cet espace, la tête du piston a une forme irrégulière comme en A (fig. 46).

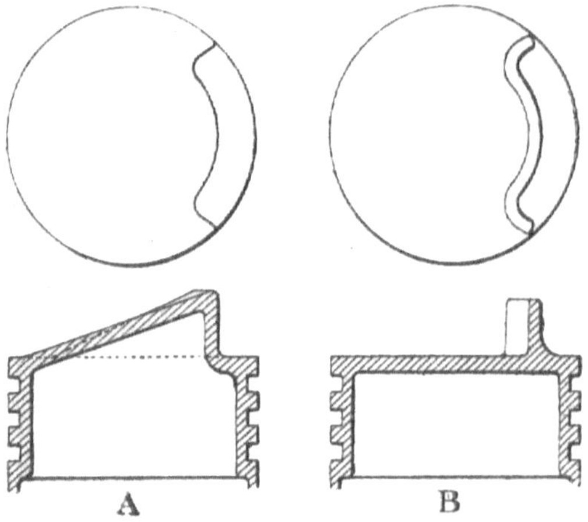

Fig. 46.

La distance du déflecteur à la paroi du cylindre est généralement un peu plus grande que la hauteur de l'ouverture de passage. La partie centrale du déflecteur forme généralement un arc de cercle concentrique au cylindre, et ses deux extrémités sont ramenées vers les parois du cylindre, comme dans le schéma B de la figure 46.

Carburateur et papillon

La succion au carburateur à deux temps est à peu près de moitié moins longue comme durée que dans un moteur à quatre temps : elle est par conséquent plus énergique. Ainsi un carburateur réglé pour un moteur à quatre temps ne donne généralement pas satisfaction dans un moteur à deux temps à trois ouvertures.

On a constaté qu'avec un carburateur à soupape d'air, additionnel, l'admission d'air primaire autour du gicleur doit être très petite, faute de quoi le moteur est mal alimenté aux petites vitesses. Le papillon doit être placé soit dans l'orifice de passage, soit dans le tuyau d'aspiration du carburateur.

Au point de vue fabrication, cette dernière disposition est préférable, et si le carburateur est convenablement construit et mis au point, elle est aussi satisfaisante.

Une différence importante entre les moteurs à deux temps et les moteurs à quatre temps est que, quand un moteur à deux temps marche avec le papillon à demi fermé, sa compression n'est pas diminuée. La chambre de combustion au commencement de la course de compression se remplit toujours sensiblement à la pression atmosphérique, et comme on ne laisse entrer qu'une plus petite quantité de gaz frais, il reste davantage de gaz brûlés dans le cylindre ; il en résulte naturellement que la charge est diluée et l'allumage est plus difficile.

L'emplacement de la bougie a pour cette raison une très grande importance ; si la bougie est placée dans la paroi latérale du cylindre, directement au-dessus de l'ouverture de passage, on est à peu près certain qu'elle sera entourée de gaz frais, dans tous les cas ; mais malheureusement cette position l'expose directement à la rencontre des gouttelettes d'huile transportées par les gaz frais qui arrivent ; c'est la raison pour laquelle certains constructeurs préfèrent placer la bougie au milieu du fond de la culasse.

Ratés périodiques

Quand un moteur à deux temps de construction ordinaire marche à admission trop réduite, il se produit ordinairement des ratés qui sont dus à une dilution excessive des gaz du cylindre. Quelquefois l'étranglement de l'admission donne lieu à un phénomène de ratés périodiques : le cylindre n'allume que tous les deux tours. Ce phénomène s'explique facilement.

Évidemment, quand une cylindrée donne lieu à un raté, c'est qu'elle contient une trop grande proportion de gaz brûlés ; pendant le cycle suivant, une nouvelle quantité de gaz frais arrive, lesquels, au lieu d'être mélangés à des gaz brûlés, sont mélangés à des gaz en partie combustibles, et la nouvelle charge, par conséquent, n'est pas diluée au point de ne plus être inflammable ; elle s'allume donc, et la charge suivante, diluée avec des gaz brûlés, ne s'allumera pas.

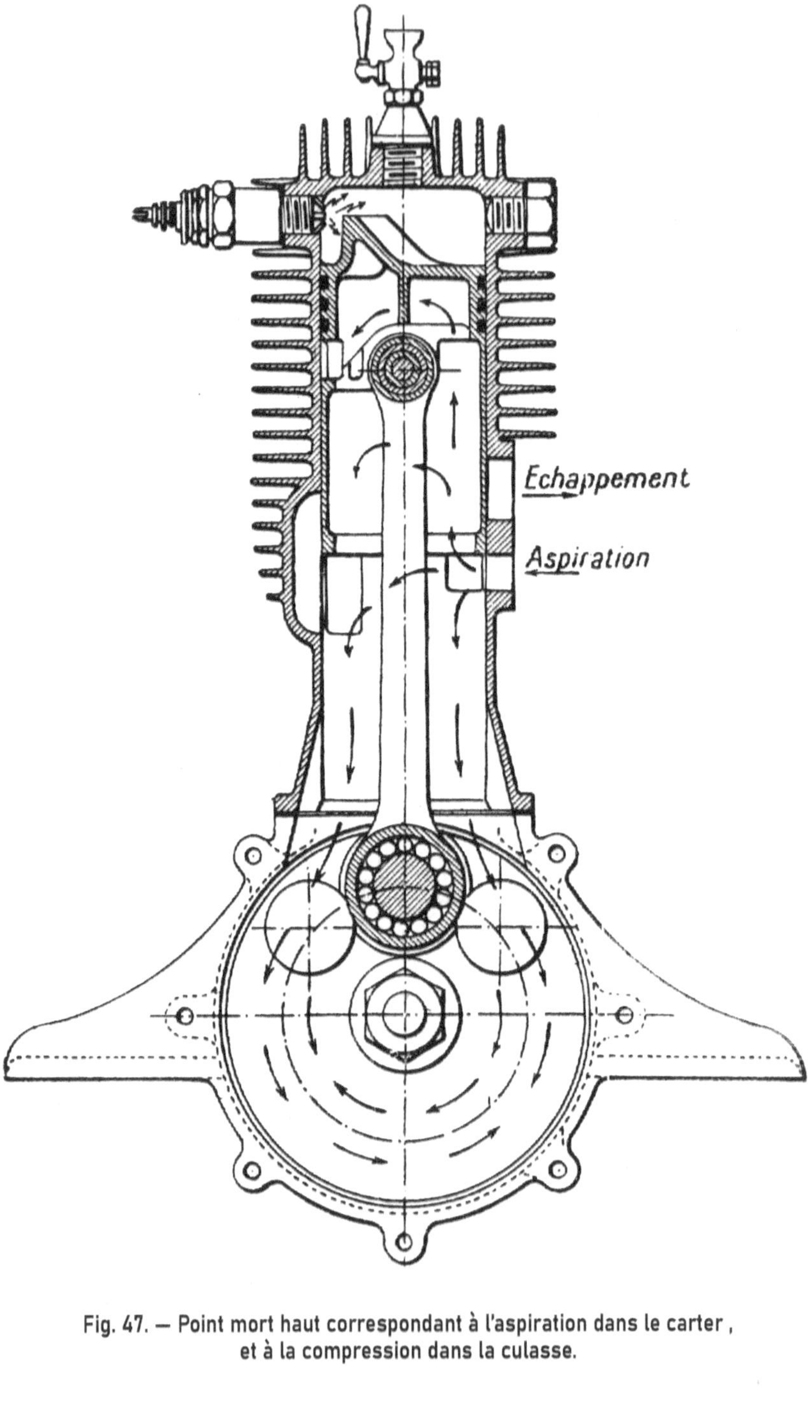

Fig. 47. — Point mort haut correspondant à l'aspiration dans le carter, et à la compression dans la culasse.

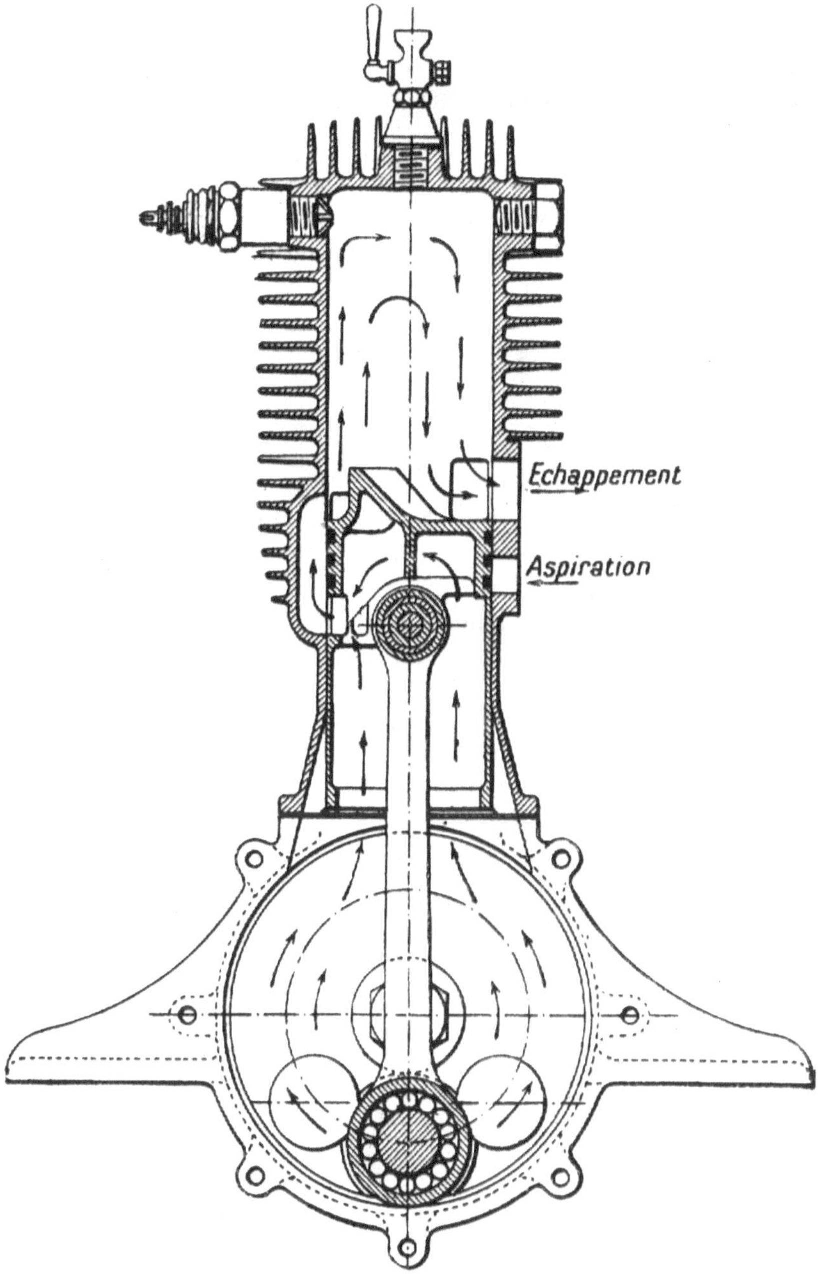

Fig. 48. – Point mort bas correspondant au transvasement et à l'échappement.

Exemple d'une réalisation

De nombreuses réalisations de ce type de moteur ont vu le jour, nous donnons ici le schéma d'un moteur dû au célèbre constructeur **Violet** ; il a construit plusieurs types de moteurs qui correspondent aux caractéristiques suivantes.

Type A :

Monocylindrique de : 105 x 125.

Puissance à 1.600 tours à la minute : 20 HP.

Consommation totalisée d'essence et d huile : 260 gr. au HP.

Type B :

Bicylindrique de : 75 x 120.

Puissance à 1.000 tours-minute : 9 HP et demi.

— à 1.200 — : 12 HP

— à 1.750 — : 17 HP.

Consommation totalisée d'essence et d'huile : 300 gr. au HP.

Type C :

Quatre cylindres de : 65 x 80.

Puissance à 1.700 tours-minute : 14 HP.

Consommation totalisée d'essence et d'huile : 400 gr. au HP.

Dans le moteur **Gérard** (**brevet n° 372 982 du 4 décembre 1906**), le volant V tourne dans le carter ; il entraîne un disque *a* percé d'une ouverture qui vient, au moment voulu, se placer devant la tuyauterie d'admission A (fig. 49). Le volant possède une échancrure J qui permet aux gaz frais un libre acheminement vers le canal d'alimentation A_1. Le piston possède une échancrure supérieure lui permettant de découvrir l'orifice supérieur du canal A_1 ; il est muni d'un déflecteur *d* et sa base est percée d'une ouverture pouvant venir se mettre en regard de l'orifice inférieur du canal A_1.

Le piston étant au bas de sa course, le disque *a* ferme l'admission. Quand commence la course ascendante, le disque découvre l'admission et le canal J permet l'introduction des gaz frais sous le piston. Lorsque le piston redescend, l'admission reste fermée et les gaz sont comprimés sous le piston jusqu'au moment où l'encoche supérieure du piston vient découvrir le canal A_1 : les gaz pénètrent alors dans la partie supérieure du cylindre et, dirigés vers la culasse, ils complètent l'évacuation des gaz brûlés par l'ouverture E. En même temps que le piston aspire les gaz frais, il comprime au-dessus de lui ceux qui ont été précédemment admis.

Un dispositif de distribution d'admission du même genre se retrouve dans le brevet **Bouvret (n° 391 643 du 25 juin 1908)** : un disque distributeur règle l'admission, tandis qu'un second disque, frottant contre la joue opposée du carter, empêche les fuites de gaz pendant la compression.

Le moteur **Chase** (fig. 50), dans lequel la compression est effectuée dans le carter, présente un dispositif spécial de transvasement des gaz du carter dans le cylindre. Ces gaz passent à travers une large ouverture ménagée dans la paroi du cylindre ; ils contribuent ainsi au refroidissement du piston. Un modèle de ce moteur à trois cylindres 95 x 120 a été étudié pour les camions légers. Il développe 15 chevaux à la vitesse angulaire de 1.000 tours par minute.

Le moteur rotatif **Farcot** destiné à l'aviation (**brevet n° 425961 du 11 février 1911**) est composé de deux cylindres opposés, légèrement désaxés l'un par rapport à l'autre. Les embases de ces cylindres sont élargies et forment un carter de faible capacité. Le mélange gazeux est aspiré dans le carter à travers l'arbre creux A (fig. 51).

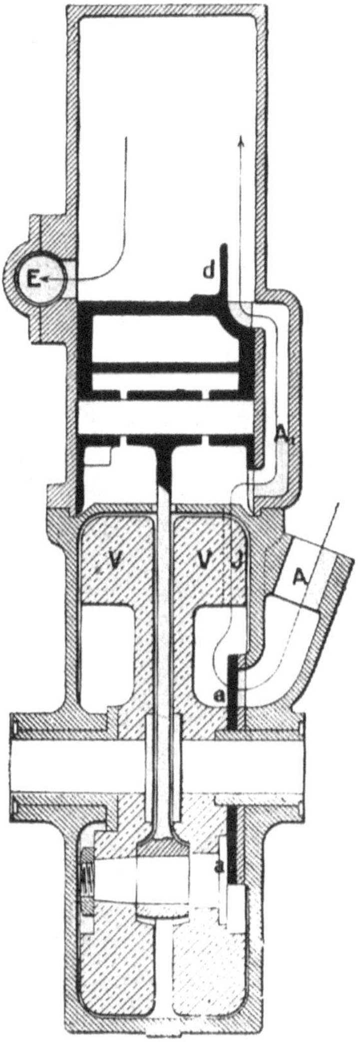

Fig. 49. – Schéma du moteur Gérard.

La compression est effectuée dans le carter par les deux pistons qui se rapprochent simultanément. Le mélange gazeux passe dans les chambres d'explosions à travers les pistons et les deux explosions se produisent au même instant dans les deux cylindres. L'échappement des gaz brûlés se produit par les ouvertures ménagées dans la partie inférieure des pistons, lorsque ces ouvertures viennent se placer, à fond de course, en regard des lumières E ménagées

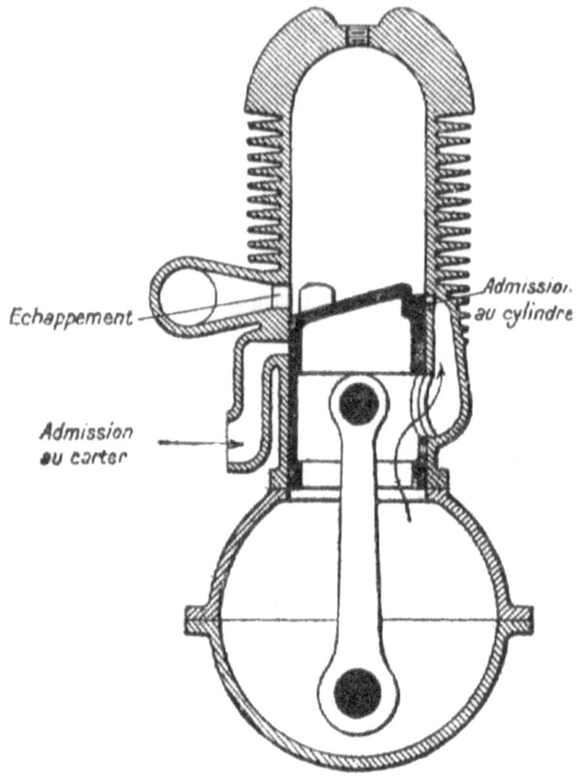

Fig. 50. - Moteur Chase.

dans les parois des cylindres. Ces ouvertures sont indiquées, sur la figure, pour le cylindre inférieur.

Le refroidissement de ce moteur est assuré par l'air ; à cet effet, les cylindres sont munis d'ailettes.

Hugo Güldner a construit, en 1894, un moteur dans lequel il avait donné au carter des dimensions réduites permettant tout juste le passage de la bielle et de la manivelle.

M. **Bidard** (**brevet n° 340 964 du 4 mars 1904**) prévoit également une réduction aussi grande que possible des espaces nuisibles du carter. Il dispose, tout d'abord, à l'intérieur de la partie creuse du piston, une masse d'aluminium qui en réduit le volume intérieur.

D'autre part, il attaque l'arbre moteur par une bielle s'articulant, non sur une manivelle, mais sur deux plateaux manivelles percés de trous cylindriques, qui ont été ultérieurement bouchés : ceux qui sont

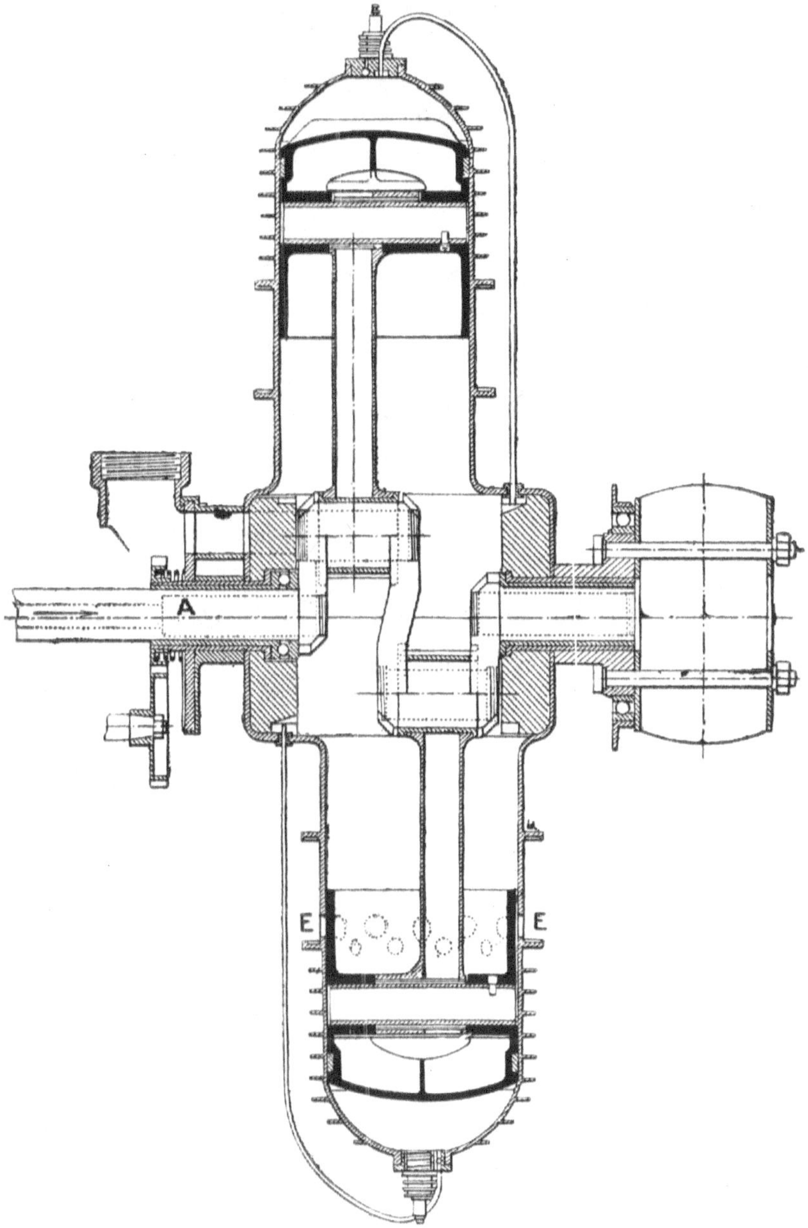

Fig. 51. — Coupe du moteur Farcot.

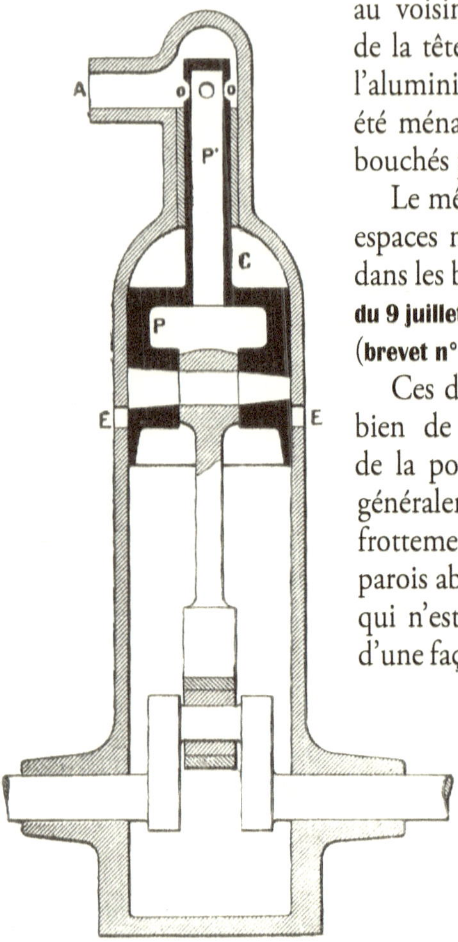

Fig. 52.– Schéma du moteur Lœw.

au voisinage de l'axe de l'articulation de la tête de bielle sont remplis par de l'aluminium, tandis que ceux qui ont été ménagés sur la partie opposée sont bouchés par du plomb.

Le même souci de la diminution des espaces nuisibles se retrouve également dans les brevets Lefèvre (**brevet n° 322 897 du 9 juillet 1902**) et de la Société Grégoire (**brevet n° 340976 du 5 mars 1904**).

Ces différents dispositifs permettent bien de réduire les espaces nuisibles de la pompe, mais ils leur conservent généralement des formes telles que les frottements et les chocs des gaz sur les parois absorbent une quantité de travail qui n'est pas négligeable, ce qui influe d'une façon déplorable sur le rendement de la pompe.

Un moteur mérite cependant d'être signalé en raison de la forme prévue pour son carter : c'est le moteur breveté par la Société générale de Bonneterie et M. Lœw (**brevet n° 352 650 du 27 mars 1905**). Il comporte un piston de forme spéciale ; le corps cylindrique creux du piston ordinaire P est surmonté d'une tige P', formant elle-même piston, percée de plusieurs ouvertures O dans sa partie supérieure, afin de pouvoir mettre en communication, au moment opportun, le tube d'aspiration A et le carter (fig. 52).

Voici comment fonctionne ce moteur : supposons le piston au bout de sa course, lorsqu'il s'élève il crée une dépression dans le carter. Au moment où les ouvertures O sont découvertes, le mélange carburé est aspiré par A et se précipite dans le carter. Lorsque le piston P redescend, il comprime sous lui le mélange gazeux, ce dernier passe au-dessus de

P lorsque les orifices O de la tige P' débouchent dans la chambre de compression C. Le piston P remontant, comprime les gaz frais jusqu'au moment de l'explosion. L'échappement des gaz brûlés se fait par les orifices E lorsque le piston les découvre. Ces gaz brûlés sont ensuite balayés par les gaz frais pénétrant à la partie supérieure de la chambre C.

M. **Altham** a proposé une solution toute différente qui semble préférable. Cet inventeur estime que, dans les moteurs à deux temps ordinaires, dans lesquels les gaz frais sont aspirés dans le carter, il est difficile d'opérer sur un volume de gaz assez grand à chaque coup de piston pour obtenir un bon mélange. Il propose, en conséquence, d'aspirer dans le carter un volume de mélange bien supérieur à celui d'une cylindrée mais, pour ne pas augmenter outre mesure les espaces nuisibles du carter, il donne à ce carter un volume variable, en prévoyant un dispositif qui augmente cette capacité lorsque le piston est à l'extrémité de sa course et lorsque les lumières d'admission au carter sont ouvertes. De cette façon, un plus grand volume de mélange est aspiré dans le carter. À la fin de la course motrice, ce dispositif produit une diminution du volume du carter, ce qui facilite beaucoup le passage de la charge dans le cylindre, tout en évitant de soumettre cette dernière à une pression considérable.

Ce dispositif est le suivant (**brevet n° 386 483 du 23 janvier 1908**) : sur la partie latérale du carter est adapté un second cylindre (fig. 53). Les pistons P et P' sont reliés, par leurs tiges, à la même manivelle M calée sur l'arbre moteur, de sorte que leurs mouvements sont conjugués. La partie extrême du cylindre compensateur est munie d'un tube B lorsque le moteur comporte deux cylindres moteurs ; ce tube met alors la culasse du cylindre compensateur en communication avec le carter de l'autre cylindre moteur, de sorte que le piston P devient à double effet, et

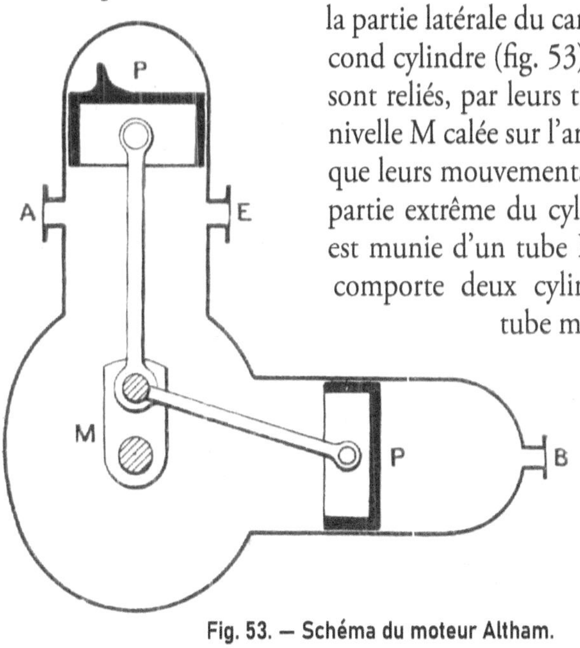

Fig. 53. – Schéma du moteur Altham.

qu'un seul cylindre compensateur suffit pour deux cylindres moteurs. Un grand nombre de brevets comportent l'aspiration du mélange et sa compression dans le carter. Dans presque tous, la distribution est effectuée par un tube latéral mettant en relation le carter et la chambre de travail, la lumière d'admission étant découverte au moment voulu par le piston moteur.

Dans d'autres, cette lumière est au fond de la culasse ; une soupape commandée en permet l'ouverture. Nous signalerons simplement, à titre d'exemples, les moteurs **Lemaire** (**brevet n° 321 932 du 18 juin 1902**), **Hardt** (**brevet n° 327 276 du 11 novembre 1902**), **Busson** (**brevet n° 338 894 du 27 juin 1904**), **Senemaud** (**brevet n° 348 288 du 3 février 1904**), **Chouard** et **Clerc** (**brevet n° 363 518 du 21 février 1906**), **Violet** et **Hénon** (**brevet n° 408 243 du 25 octobre 1909**).

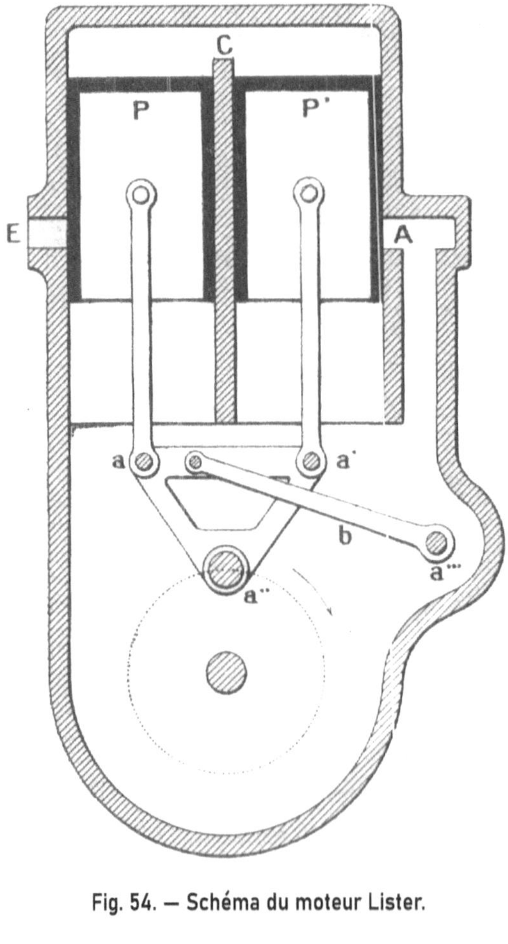

Fig. 54. – Schéma du moteur Lister.

Examinons enfin le moteur **Lister**, dans lequel c'est l'air pur qui est comprimé dans le carter. Cet air sert au balayage des gaz brûlés et à la formation du mélange gazeux.

Le moteur Lister est composé de deux cylindres égaux placés côte à côte, dans lesquels peuvent se déplacer deux pistons identiques (fig. 54). Les deux bielles s'articulent en *a* et *a'* sur une manivelle oscillante reliée en *a''* à la manivelle qui est calée sur l'arbre moteur (cette dernière n'est pas indiquée sur la figure). L'oscillation de la première manivelle est produite par la bielle *b* articulée en *a'''*, et en un point de la manivelle oscillante plus rapproché de *a* que de *a'*. Ce système de bielles et de manivelles a pour but, lorsque l'explosion se produit dans la chambre d'explosion C, de faire descendre le piston P plus rapidement que le piston P'. De cette façon, le piston P découvre la lumière d'échappement E, par laquelle sont évacués les gaz brûlés contenus dans la chambre d'explosion double. Lorsque le piston P' découvre la lumière A, l'air comprimé par les pistons dans le carter est admis dans la chambre C et balaye les gaz brûlés qu'elle renferme encore. Ensuite a lieu la compression de l'air pur dans la chambre C par les deux pistons.

Le combustible est injecté, à la fin de la compression au moyen d'une petite pompe spéciale, non représentée sur la figure.

Dans cette catégorie se trouve également le moteur d'aviation de la Société anonyme « Messpa » (Moteur équilibré sans soupapes pour aviation). Il est composé (fig. 55) de deux cylindres, comprenant chacun deux pistons dont les bielles agissent, deux par deux, sur un vilebrequin. Sur chacun des axes moteurs est montée une hélice.

Lorsque les pistons sont en haut de leur course, les gaz frais sont aspirés dans les carters par les orifices *a* ; ils y sont comprimés légèrement lorsque les pistons sont chassés par l'explosion, puis transvasés dans la chambre d'explosion quand les orifices A se trouvent découverts ; ils chassent alors les gaz brûlés qui s'échappent, à fond de course, par les orifices E.

Le refroidissement doit être assuré par le courant d'air produit par les hélices ; la partie médiane des cylindres est, à cet effet, munie d'ailettes.

C. — Moteurs dans lesquels le mélange gazeux est aspiré directement par le piston moteur dans le cylindre moteur.

Nous ne trouverons que peu de moteurs dans cette catégorie. Voici d'abord le moteur **Anzani** (**brevet n° 422 150 du 12 octobre 1910**). Ce moteur comporte deux cylindres opposés qui renferment chacun un piston dont les bielles attaquent le même vilebrequin. L'un des cylindres est représenté sur la figure 56. La soupape d'échappement S, automatique, est placée au fond de la culasse ; la soupape d'aspiration S, commandée, se trouve sur le côté du cylindre à une distance du sommet plus grande que la moitié de la course.

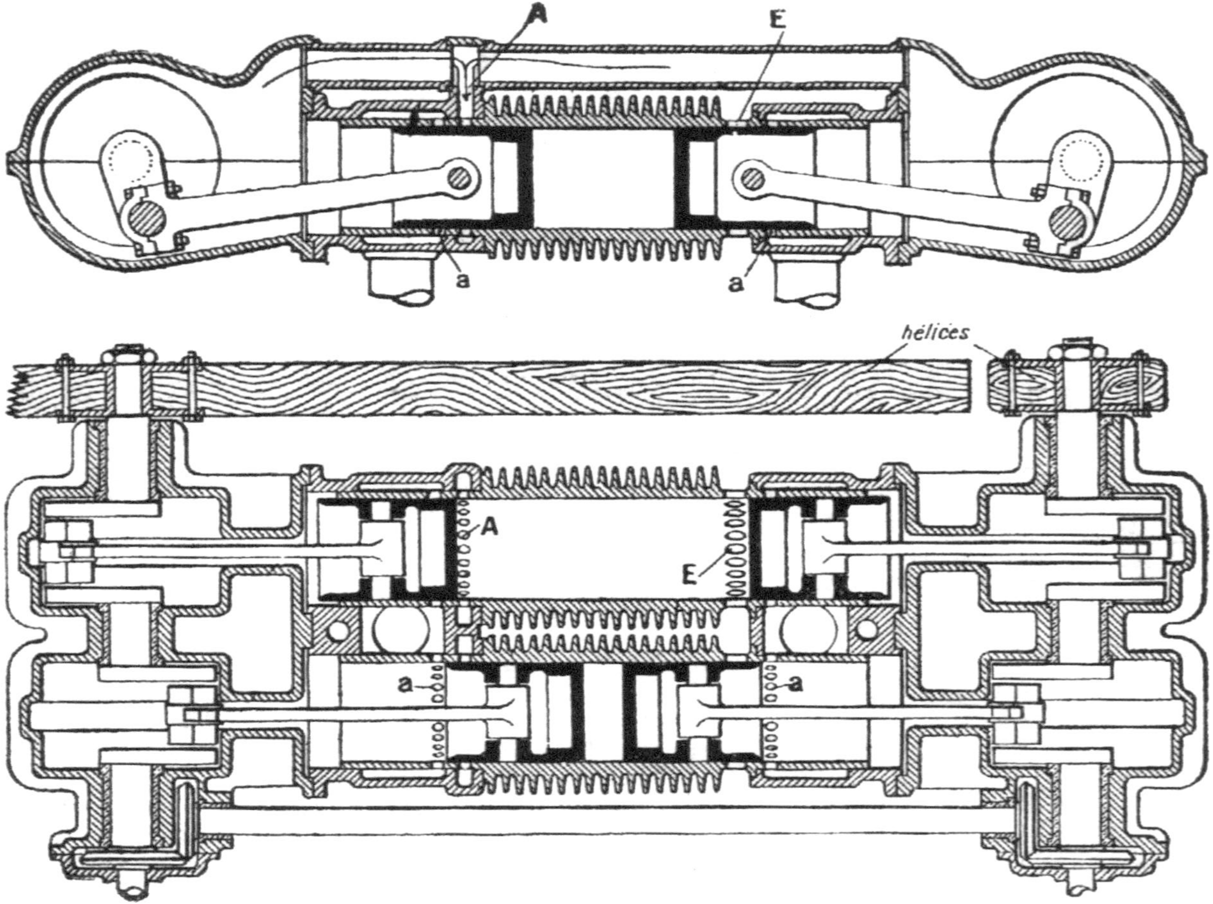

Fig. 55. 5. — Coupes du moteur de la Société anonyme « Messpa »

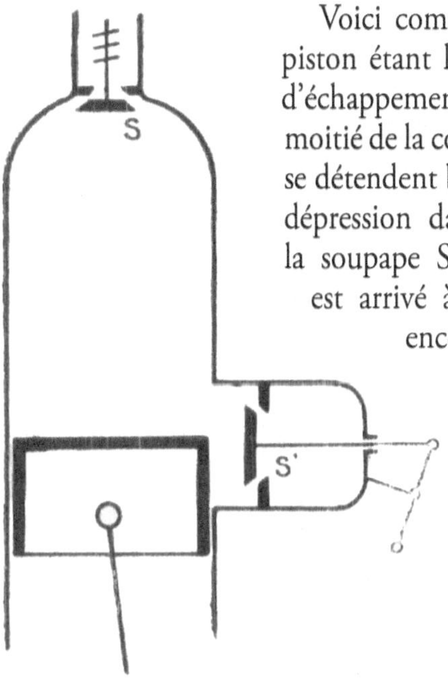

Fig. 56. — Schéma du moteur .Anzani.

Voici comment fonctionne ce moteur : le piston étant lancé par l'explosion, la soupape d'échappement S s'ouvre en grand, quand la moitié de la course est parcourue ; les gaz brûlés se détendent brusquement et créent une légère dépression dans le cylindre. À ce moment, la soupape S se referme. Lorsque le piston est arrivé à fond de course, il a diminué encore la pression du gaz contenu dans le cylindre, la soupapc d'aspiration S' commandée s'ouvre et le remplissage s'effectue.

Le transvasement des gaz frais se trouve ainsi évité : tel semble avoir été le but de l'inventeur.

Ce transvasement n'a pas été évité dans le moteur **Chérix** (fig. 57) (breveté en Suisse), où la compression s'effectue dans le piston moteur par un procédé assez curieux.

Le piston, de grande hauteur, commande, comme d'habitude, l'arbre principal par l'intermédiaire d'une bielle articulée autour de l'axe C. Dans le piston est placé un fourreau F pourvu, à sa base, d'oreilles O, entre lesquelles s'engage un doigt D solidaire de la tête de bielle. Ce doigt produit l'entraînement du piston, lorsque celui-ci monte ou descend, et produit, en même temps, pendant ce moment un déplacement du fourreau par rapport au piston. Dans l'intérieur du fourreau est placé le fond fixe H, relié au bâti du moteur par les tiges T. Dans ce bâti est ménagé un canal a d'aspiration du mélange gazeux, qui aboutit à une lumière a_1, ménagée dans la paroi du cylindre ; cette lumière permet une communication constante entre le canal *a* et le canal *b*, ménagé dans la face cylindrique extérieure du piston, et qui aboutit à une lumière A ménagée dans la paroi du piston. Celle-ci est obturée pendant une partie de la course du piston par le fourreau dans lequel est ménagée une ouverture *g* pouvant venir se placer devant A. Dans le fourreau est ménagée une seconde ouverture g_1 qui, lorsque le piston arrive à fond

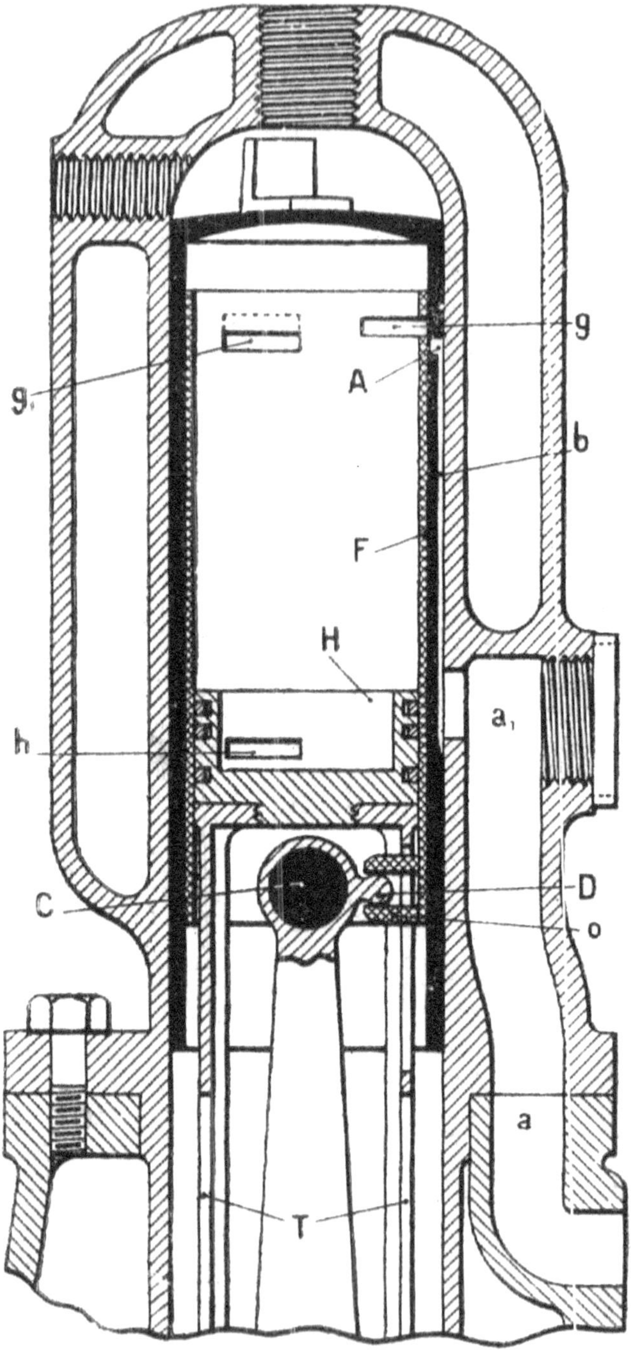

Fig. 57. — Moteur Chérix.

de course, vient se placer entre la lumière A percée dans le fond fixe et une autre lumière ménagée dans la paroi du cylindre. Celle-ci est reliée par un canal (non figuré) à la lumière d'admission du mélange dans le cylindre. Cette dernière, non figurée, se trouve à fond de course juste en face de la lumière d'échappement. Le déflecteur se trouve entre ces deux lumières.

Sans qu'il soit besoin de décrire point par point ce fonctionnement, on se rend compte facilement que la compression du mélange gazeux est effectuée dans l'es-pace compris entre le fond fixe, le fourreau et la face inférieure de la tête du piston. Le mélange comprimé est ensuite transvasé dans la chambre d'explosion en suivant le canal ménagé dans la paroi du piston.

La question du laminage des gaz, qui a cependant une certaine importance, ne semble pas avoir beaucoup inquiété l'inventeur de ce moteur.

Voici enfin un moteur dans lequel la simplification a été particulièrement recherchée. C'est le moteur **Noël**. Il se compose uniquement (fig. 58) d'un cylindre à fond rentrant et d'un piston présentant sa partie creuse vers le fond du cylindre. Lorsque le piston remonte, il coiffe le fond du cylindre en laissant à fond de course un certain espace. Les ouvertures d'échappement, ménagées dans les parois du cylindre et du piston, sont placées de telle façon qu'elles se trouvent en regard les unes des autres avant que le piston soit à fond de course.

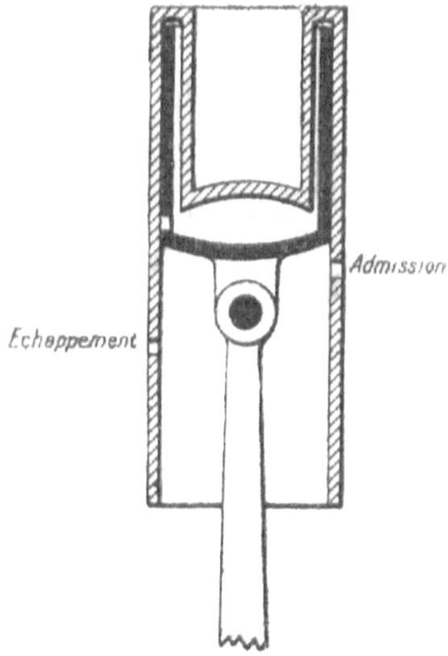

Fig. 58. – Schéma du moteur Noël.

Le fonctionnement comprend sept phases :

Premier temps :

1re phase. — Le mélange étant comprimé et allumé, explose, le piston s'abaisse, la détente commence.

2e phase. — Échappement au moment où les orifices d'échappement du cylindre et du piston se trouvent en regard les uns des autres. La section des orifices est largement calculée. L'échappement se produit vers le milieu de la course du piston, au moment où la vitesse linéaire de ce dernier est à son maximum.

3e phase. — Le piston, continuant sa course et les ouvertures d'échappement se trouvant fermées, provoque une dépression dans le cylindre jusqu'au moment où les orifices d'admission se trouvent découverts, c'est-à-dire un peu avant le point mort inférieur.

4e phase. — L'admission se fait par des orifices largement calculés.

Deuxième temps :

5e phase. — Dès que les orifices d'admission se trouvent recouverts par le piston qui remonte, la cylindrée commence à subir une première compression. Cette cylindrée renferme une certaine quantité de gaz brûlés, et l'inventeur suppose que ces derniers sont concentrés à la partie inférieure du piston.

6e phase. — Le piston, en remontant, découvre une nouvelle série d'orifices permettant un échappement complémentaire.

7e phase. — Compression définitive.

Nous avons vu fonctionner un mono-moteur cylindrique de ce type mais, malheureusement, nous n'avons pas eu l'occasion d'effectuer des mesures de puissance et de consommation. Il est à noter qu'aucun des points de refroidissement n'a été prévu.

Le moteur **Peugeot** (**brevets Tartrais**) est le premier moteur à deux temps et à injection (non à explosion) qui ait vraiment fonctionné sur automobile. Une voiture munie de ce moteur a effectué, conduite par M. Henri Petit, le très compétent ingénieur et rédacteur de *La Vie automobile*, le parcours Paris-Bordeaux et retour en consommant uniquement de l'huile lourde, pas une goutte d'essence.

Nous ne saurions mieux faire que de reproduire ici les termes de la notice qu'a bien voulu nous communiquer la Société Peugeot, en même temps que les dessins qui illustrent cette notice.

La formation et l'utilisation du mélange combustible en régime normal. – Cette question est dévolue aux dispositifs que représente schématiquement la figure 59. On y voit la partie supérieure du cylindre et du piston dans les positions, respectivement, 25° environ avant le point mort haut et à ce point mort lui-même.

Sur ces figures, 1 est le cylindre, refroidi à l'eau, 2 la chambre de combustion en forme de tore, non refroidie, 3 un conduit étranglé

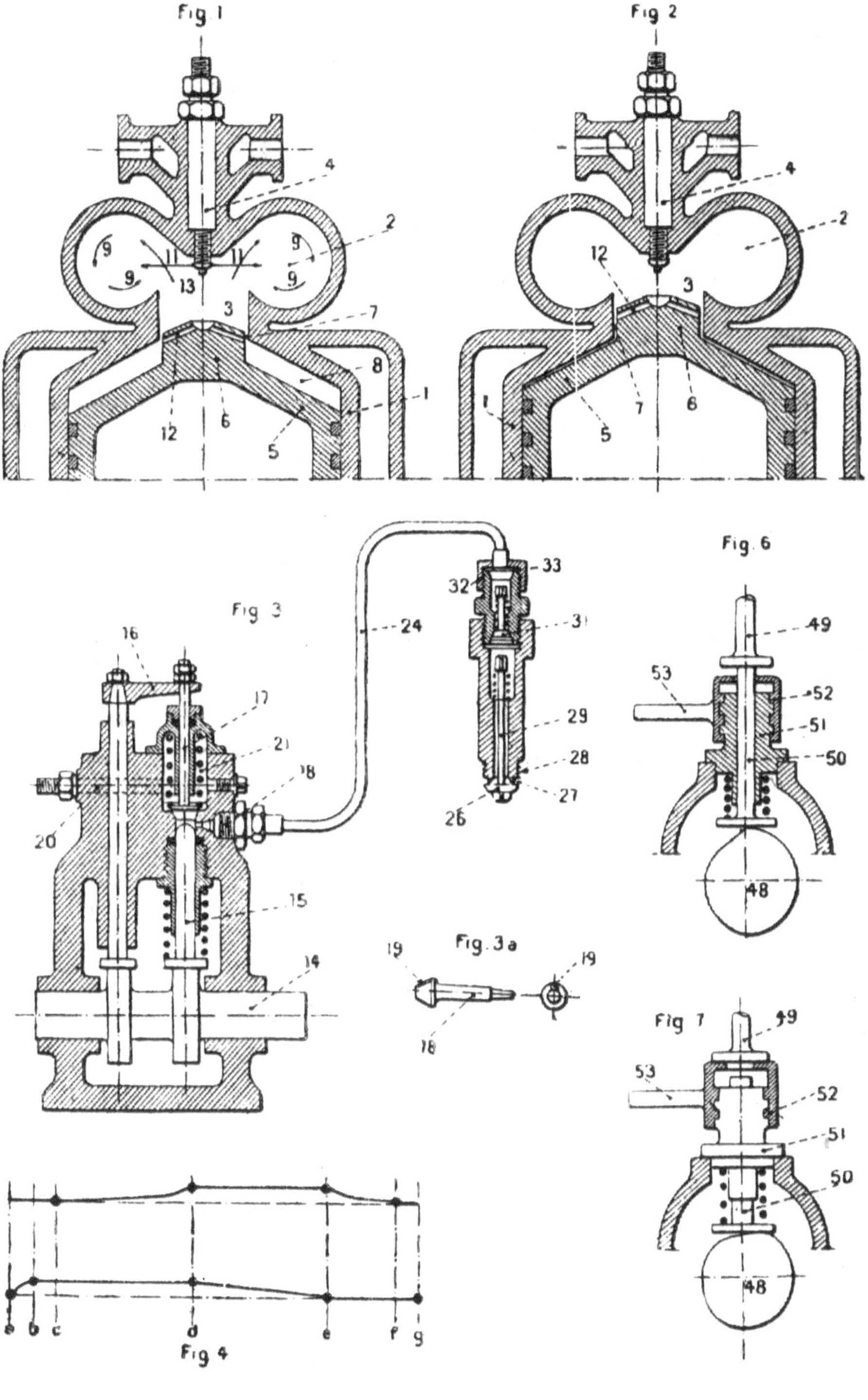

Fig 1
4
2
9
11
13
3
7
8
1
12
6
5
Fig 2
4
2
12
3
7
6
5
1
Fig 3
16
17
21
18
20
15
14
24
33
32
31
29
28
27
26
Fig. 3a
19
18
Fig. 6
49
53
52
51
50
48
Fig 7
49
53
52
51
50
48
a
b
c
d
e
f
g
Fig 4

Fig. 59.

faisant communiquer la chambre et le cylindre, 4 le pulvérisateur refroidi à l'eau, 5 le piston, 6 un déflecteur disposé au centre du piston et obturant partiellement l'étrangleur 3. Entre 3 et 6 existe un passage annulaire 7.

Dans la position basse du piston, le cylindre a été alimenté d'air seul par le balayage. Cet air a été comprimé par le retour du piston. Quand le piston vient dans la position figure 1, une portion de cet air se trouve emprisonnée dans l'espace 8 entre le fond du piston et le fond du cylindre. À partir de ce moment jusqu'à la position figure 2, où le volume de 8 devient nul, l'air ainsi surcomprimé s'écoule avec force dans la chambre 2, en franchissant le passage 7. Ceci produit en 2 un mouvement de brassage suivant la direction des flèches 9.

Pendant ce temps, un pulvérisateur mécanique 10 projette, suivant les flèches 11, le combustible liquide, en quantités égales radialement. Ce combustible est saisi par le « tube d'air » 23 qui jaillit de 7. Il entre aussitôt dans la circulation 9 qui le projette contre les parois de la chambre où il se vaporise instantanément pour rentrer à nouveau, à l'état de gaz, dans le mouvement tourbillonnant. L'allumage a lieu sous l'effet combiné de la température de l'air et de celle des parois, la combustion est pratiquement isoplérique ; elle commence un peu avant le point mort et ne se prolonge que très peu après.

Sur le déflecteur 6, on voit de petits trous convergents 12 dont le rôle est le suivant. Le transvasement de 8 en 2 n'est pas absolument continu, mais quelque peu ondulatoire. Un léger mouvement de retour pourrait apporter du combustible dans l'espace 13, à l'intérieur du « tube d'air » qui est une zone de calme. La légère dérivation produite par les trous 12 provoque un balayage de cette zone, balayage modéré afin de ne pas projeter prématurément le combustible sur la paroi de la chambre immédiatement voisine du pulvérisateur, région froide.

L'injection

A. – Conditions d'un bon fonctionnement

L'injection se pratique, on l'a dit, sans air dans le pulvérisateur (système dit : « Solid injection »). Une pompe dosimétrique refoule, à l'instant voulu, le combustible, qui pénètre au même instant dans le cylindre. Le pulvérisateur n'est pas autre chose qu'une soupape automatique d'une

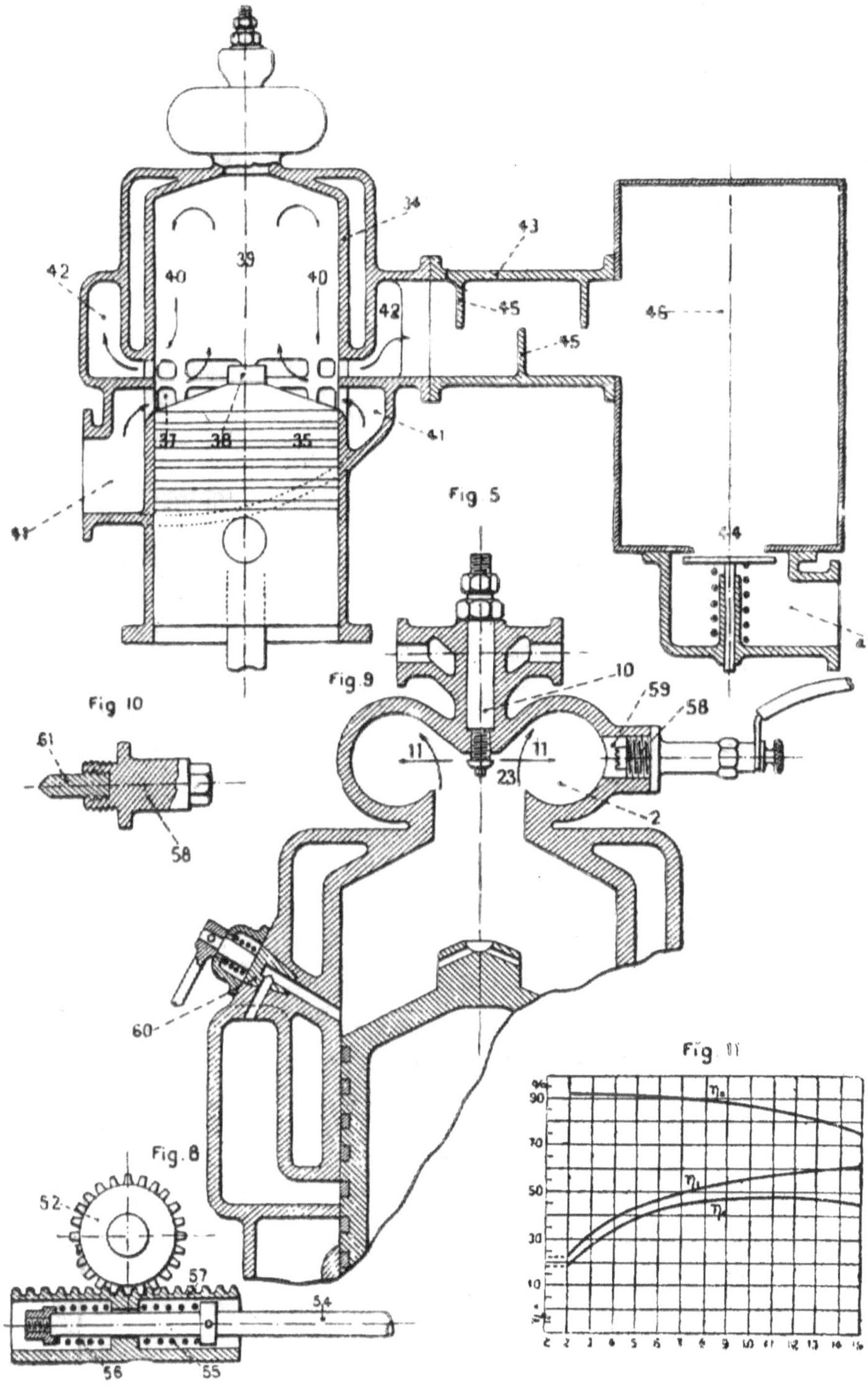

Fig 5
34
43
42
40
39
40
42
45
45
46
41
37
38
35
44
47
Fig.9
10
59
58
11
11
23
2
Fig 10
61
58
60
Fig. 11
90
70
50
30
10
Fig. 8
52
57
54
56
55

Fig. 59 bis.

forme particulière. On se rend compte que, pour que cette précision soit obtenue, il ne faut absolument aucune élasticité dans la colonne de liquide entre la pompe et la soupape pulvérisatrice. Une bulle de gaz, dans le corps de pompe influence le débit. Une bulle de gaz, dans le tuyau de refoulement, se comprime au moment du coup de piston de la pompe et, se détendant ensuite, produit une injection intempestive.

Des expériences ont été faites qui montrent que, dans les pompes à soupape d'admission automatique, la simple dépression nécessaire pour ouvrir ladite soupape engendre une cavitation donnant naissance à une bulle de gaz. Il en est de même, quoique à un degré moindre, quand la soupape d'admission est commandée, si cette soupape s'ouvre suivant l'usage du dehors au-dedans, par rapport au corps de pompe ; car la tête de cette soupape, en se refermant, agit comme un piston et tend à faire un vide dans le corps de pompe à un moment où la section sous le siège n'est plus suffisante pour, permettre le passage assez rapide du liquide.

L'expérience a encore montré que ces gaz, si prompts à se libérer, sont relativement longs à se reliquéfier. Il est donc tout à fait essentiel de supprimer les cavitations.

On y parvient par un ensemble de moyens dont le principal est l'emploi d'une *grande soupape commandée s'ouvrant du dedans au-dehors,* les autres consistant en :

1. - l'emploi d'une chambre d'alimentation immédiatement voisine de ladite soupape et sous légère charge ;
2. - l'adoption d'un très petit espace nuisible ;
3. - une détermination adéquate des sections de passage et des tracés de cames.

Toutes les précautions étant prises pour qu'aucune bulle de gaz ne puisse être engendrée dans la pompe, il faut encore faire en sorte qu'il ne s'en forme pas après, d'où nécessité d'une réfrigération énergique du pulvérisateur. Comme cependant, pratiquement, au moins sur les moteurs d'autos, on ne pourra employer que de l'eau chaude, il faut que la soupape automatique qui constitue le pulvérisateur soit munie d'un ressort assez fort, pour maintenir, entre deux injections, le combustible sous pression ; cette pression empêche la formation de vapeurs sous l'effet de la légère élévation de température produite par l'eau.

Malgré tout cela, il faut encore admettre que des bulles de gaz puissent se former et étudier toutes les formes de conduits et de soupapes pour que l'expulsion rapide des dites bulles par le courant de liquide soit assurée.

Toutes ces dispositions permettent-elles un appareillage d'injection convenable ? Pas encore. Le liquide à injecter est lui-même compressible et les parois du tuyau qui le contient sont élastiques. Si aucune précaution n'est prise pour combattre ces effets, il se produit ceci : en fin d'injection le combustible reste dans le tuyau à une pression élevée. Pendant la période d'expansion du fluide moteur et à mesure que la pression décroît dans le cylindre le dit combustible se détend et s'écoule doucement par la soupape pulvérisatrice.

La portion qui s'écoule ainsi, et qui est loin d'être négligeable, est perdue ou peu s'en faut.

Pour éviter cet inconvénient :

1. - on dispose une soupape de retenue en amont du pulvérisateur et tout contre lui de façon que le volume de liquide compris entre ces deux organes soit aussi réduit que possible ;

2. - on pratique une petite rainure de fuite sur la soupape de refoulement de la pompe. Comme la soupape commandée de ladite pompe s'ouvre très peu de temps après l'injection, le combustible comprimé dans le tuyau de refoulement au moment de ladite injection se détend ensuite dans la pompe elle-même et sa conduite d'admission, grâce à la petite fuite susdite de la soupape de refoulement.

L'économie atteint 10 % à pleine charge. Plus importante encore à charge réduite, car l'économie est constante en valeur absolue par cylindrée quelle que soit la charge.

Cette fois, c'est tout pour le moment, car l'appareillage n'est pas encore parfait : il subsiste encore — mal en partie nécessaire comme déjà expliqué — le volume restant sous pression dans l'amont immédiat du pulvérisateur ; on le réduit, comme déjà indiqué, le plus possible et on se contente de ce palliatif, car la perte de ce chef ne semble pas, d'après le calcul, devoir dépasser 5 ‰ (cinq pour mille) en pleine charge et il a paru que cela ne valait pas la complication du véritable remède, qui est possible, qui a été envisagé et breveté et qui sera sans doute avantageusement — et plus facilement —appliqué plus tard, sur des machines plus puissantes et de plus grandes dimensions.

B. – La pompe

La figurine 3 (fig. 59), fait comprendre le fonctionnement d'un ensemble ainsi établi :

La pompe comporte un arbre à cames 14, commandant le piston 15 et le poussoir à potence 16, tous deux rappelés par des ressorts. La potence 16 commande la soupape automatique de refoulement avec la rainure 19 (voir aussi fig. 3 *a*). Le combustible venant d'un réservoir en charge arrive par 20 dans la chambre étanche 21 où il comprime un peu d'air au-dessus du niveau 22. Cette chambre 21 est la chambre d'alimentation sous charge dont il vient d'être parlé ; elle concourt à éviter les cavitations au moment de l'admission.

Les lois des mouvements respectifs de la soupape et du piston sont représentées par la figurine 4 (fig. 59). La courbe supérieure se rapporte à la soupape, l'inférieure au piston ; en abscisse, les angles décrits par l'arbre pour un tour complet. Le piston se soulève brusquement suivant *a b* (injection) puis reste soulevé de *b* en *d*.

Pendant ce temps de *b* en *c*, la soupape d'admission reste fermée (temps de garde utilisé pour la fermeture de la soupape de retenue placée sur le pulvérisateur), puis de *c* en *d* elle s'ouvre, d'abord extrêmement lentement puis plus vite à mesure que la section de passage sous son siège croît. Quand elle est complètement levée, en *d*, le piston de *d* en *e* effectue sa descente (aspiration) pour rester de nouveau immobile de *e* en *g*, temps pendant lequel la soupape se ferme, de *e* en *f*. De *f* en *g*, repos complet, angle de garde. En *g* ou *a* les mêmes mouvements recommencent.

C. – Le pulvérisateur

Le pulvérisateur figurine 3 (fig. 59), relié à la pompe par le tuyau 24, est simplement une soupape automatique, avec une tête plate 26 terminée par un bord effilé 27 et portant sur un siège en couteau 28. La tige 29 porte des cannelures pour le passage du combustible. Autour du pulvérisateur est une circulation d'eau non représentée.

Au-dessus de la soupape pulvérisatrice se trouve la soupape de retenue 31. Le raccord 32 qui fixe le tuyau d'arrivée porte des trous 33 qui servent à l'amorçage de la pompe. En dévissant ce raccord, on peut en effet remplir le tuyau en faisant tourner la pompe qui fonctionne normalement malgré la rainure 19, du moment qu'il n'y a pas de pression sur le refoulement. Quand il n'y a plus d'air dans le tuyau, on visse le raccord, et, comme il n'en peut plus entrer, la pompe reste amorcée indéfiniment.

Une variante a été envisagée, consistant à disposer sur la pompe un minuscule conduit, ouvert ou fermé à volonté par un pointeau extérieur, et qui permet de faire communiquer ou non le corps de pompe avec l'aval immédiat de la soupape de refoulement 18, non munie de rainure dans ce cas. On évite ainsi la manœuvre du raccord 32 car, lorsque le pointeau est fermé, la pompe fonctionne comme si le petit conduit en question n'existait pas.

Le balayage

A. – La pompe et son collecteur

Il est presque superflu de dire qu'on s'est efforcé d'avoir de l'air aussi froid et aussi peu comprimé que possible au-dessus de la pression en aval du cylindre. Dans le cas d'un moteur à deux cylindres, plus spécialement intéressant, la pompe est à double effet et tourne à la vitesse du moteur (pour 3 cylindres on la ferait tourner à une fois et demie cette vitesse, pour 4 à deux fois). Elle est placée en avant du groupe des cylindres. Sa distribution se fait par un très gros tiroir cylindrique à mouvement rectiligne alternatif, disposition classique et de tout repos. La prise d'air, dans le cas d'une automobile, se fait à l'extérieur du capot pour avoir de l'air plus dense.

La particularité de cette pompe est dans la commande du piston. Au lieu d'utiliser, comme habituellement, le dispositif bielle et manivelle, on a remplacé la bielle par une tige guidée, comportant une glissière transversale qui reçoit le bouton de manivelle par l'intermédiaire d'un coulisseau. Cette disposition est connue en elle-même et utilisée notamment sur les pompes locomobiles d'épuisement des fosses d'aisances, en vue de réduire l'encombrement. Son application a ici aussi son avantage ; mais en plus elle a celui de déterminer des mouvements parfaitement identiques des courses aller et retour. Ceci permet d'alimenter les cylindres rigoureusement de la même façon. On détermine par expérience le calage le plus convenable de la manivelle de pompe par rapport à l'arbre moteur et on peut se passer du réservoir tampon généralement interposé entre la pompe et les cylindres dans le but de compenser les inégalités de débit. L'expérience montre, d'ailleurs, que ce réservoir est nuisible, car, contrairement à une opinion admise, les expériences faites aux usines Peugeot sur cette question permettent de conclure que la pression de l'air ne doit pas être constante pendant la durée d'un balayage. Elle doit être plus élevée au commencement, pour équilibrer la contre-pression toujours subsistante, pratiquement, en fin d'échappement, dans un moteur à grande vitesse.

B. – Le balayage proprement dit ; les cylindres, les pistons

La figure schématique 5 (fig. 59), montre comment s'accomplit cette fonction. Un seul cylindre 34 est représenté, pour simplifier. Le piston 35 est ici à son point le plus bas. La forme particulière du piston, nécessitée par le rôle qu'il joue dans la formation du mélange, comme explique le paragraphe 1, et le souci de concilier cette forme avec la fonction du balayage ont conduit à adopter pour celui-ci un processus particulier.

Les orifices d'échappement 36 et d'admission 37 existent sur tout le tour du cylindre et sont superposés. Le piston les découvre successivement et l'air, venant du collecteur 41, afflue par les orifices 37 en veines convergentes, glisse sur le fond conique du piston, bute sur le déflecteur central 38 et forme alors une colonne centrale ascendante 39 qui vient s'étaler sur le fond du cylindre pour redescendre ensuite, sous forme d'un anneau 40, en poussant dans tout ce trajet les gaz résiduels qui s'échappent par 36 et le collecteur 42.

Le piston revenant sur lui-même recouvre successivement les deux rangées d'orifices et la compression commence.

C. – L'échappement

Le collecteur 42 et un tuyau gros et court 43 (même figure) conduisent à un premier pot de détente 46 placé aussi près que possible du moteur. Ici encore les expériences faites aux usines Peugeot infirment une opinion admise. On croit généralement qu'il faut chercher à profiter de l'inertie des gaz d'échappement pour aider au balayage.

Il semble bien que ce soit une erreur, au moins dans le cas d'orifices simples comme ceux dont il est question ici. Cette théorie conduit, en effet, à adopter un tuyau d'échappement relativement petit et long. Il en résulte que la première phase de l'échappement (la spontanée) est

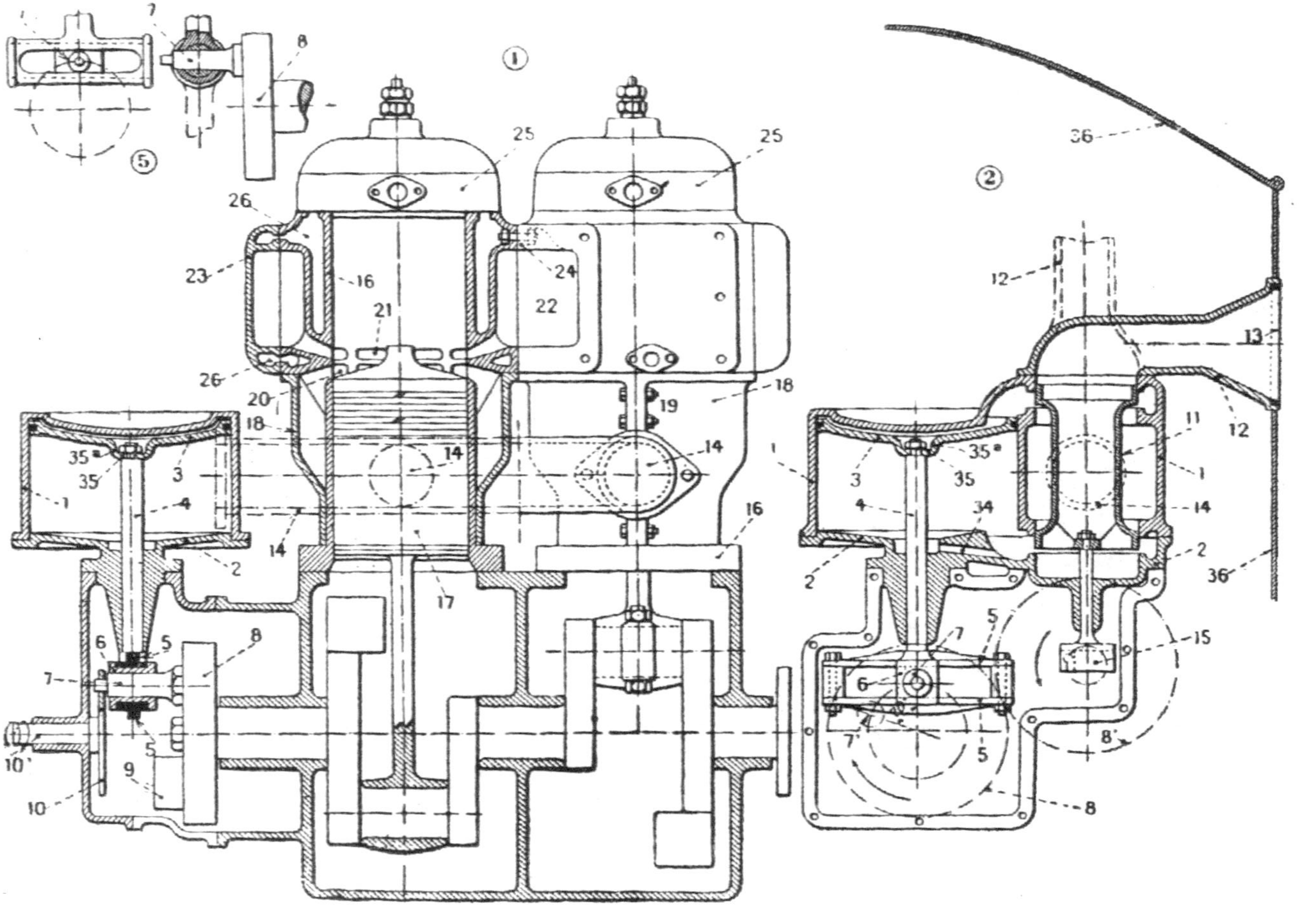

Fig. 60. – Le moteur et la pompe de balayage.

retardée, d'où trop forte compression sur l'air au début du balayage, refoulement dans l'admission, chauffage de l'air, etc... Ensuite l'effet d'inertie se produit, c'est très bien... mais il ne s'arrête pas quand il faut, si bien qu'il continue à produire une aspiration dans le cylindre après que les orifices d'admission sont fermés et alors que ceux d'échappement sont encore ouverts. Le cylindre est littéralement vidé.

Donc, pour un bon balayage dans le cas d'orifices simples, c'est-à-dire sans valves ni tiroirs supplémentaires, il faut :

1. - Un échappement spontané aussi aisé que possible ;
2. - Le balayage proprement dit contrôlé uniquement par la pression relative en amont ;
3. - Une légère contrepression en aval de façon que le balayage s'achève sous une pression un peu supérieure à l'atmosphère, ce qui compense dans une certaine mesure la perte de course due aux lumières[6].

On voit que le gros pot de détente disposé comme indiqué et muni en 44 d'une soupape automatique régulatrice de contre-pression conduit à ces résultats. Pas tout à fait cependant, car le tuyau 43, si court et si gros qu'on puisse pratiquement le faire, produit encore un effet de succion. Mais l'expérience montre qu'on atténue beaucoup cet effet en disposant, par exemple, des chicanes telles que 45.

À la sortie du pot 46, un tuyau 47 conduit les gaz d'échappement à un second pot jouant uniquement le rôle de silencieux.

À remarquer que, dans le cas d'un moteur à vitesse invariable ou peu variable, un simple étranglement peut remplacer la soupape 44.

La régulation

A. – La régulation proprement dite

Les variations de charge sont obtenues en modifiant la qualité du mélange combustible. En d'autres termes, l'admission d'air est toujours la même, donc la compression aussi. Pour diminuer la charge, on réduit seulement la quantité de combustible injecté. Ceci s'obtient en

[6] D'après Supino (*Moteurs Diesel marins et fixes*, édition 1914, page 57), le professeur Yunkers a pu, par ce moyen, augmenter momentanément la puissance d'un moteur deux temps de 30 à 50 %.

faisant varier la course du piston, voir figurine 6 (fig. 59). La came 48 commande le piston 49 par l'intermédiaire d'un poussoir 50 coulissant dans un guide 51. Ce guide reçoit un écrou 52 dont la partie supérieure forme butée d'arrêt du piston dans sa descente. Suivant la place occupée par l'écrou 52, manœuvré par exemple par le levier 53, on voit qu'on peut utiliser toute la course (fig. 6) ou immobiliser totalement le piston (fig. 7) ou avoir toutes les courses intermédiaires.

B. – Le réglage du point d'injection

Le calage de la pompe par rapport à l'arbre moteur doit varier avec la vitesse pour des raisons analogues à celles qui font juger utile le déplacement du point d'allumage dans les moteurs d'automobiles du type courant. Les moteurs d'expérience exécutés comportent un accouplement par manchon à coulissement hélicoïdal réglable en marche. Ce point n'est pas encore complètement étudié.

On peut :

1. - soit caler la pompe dans une position moyennne en sacrifiant la qualité du fonctionnement à la simplicité de conduite ;
2. - soit n'avoir que deux positions, une pour le démarrage et le ralenti à vide et l'autre pour la marche normale ;
3. - soit pratiquer un réglage continuel en fonction de la vitesse et, dans ce cas, adopter soit une commande à la main, soit une commande automatique par un régulateur quelconque.

C. – La commande au régulateur

La commande au régulateur des variations de course de la pompe d'injection exige un dispositif représenté par la figurine 8 (fig. 59) qui montre en plan l'écrou 52 des figures 6 à 7.

Cet écrou comporte ici non un levier mais une denture extérieure qui engrène avec une crémaillère 57. Cette crémaillère est commandée par la tige 54 attelée au régulateur. Des ressorts amortisseurs 55 et 56 sont interposés.

Leur rôle est le suivant : si l'on se reporte à la figure 4, planche I on voit que, pendant un temps très long, de *b* en *d*, le piston (courbe inférieure) reste soulevé. Pendant ce temps, l'écrou 52 est absolument libre de toute charge. Pendant le reste du tour, au contraire, il est ou peut être chargé par le ressort du piston.

Quand cela est, les ressorts 55 et 56 seuls se compriment ou se détendent sous l'action de la tige 54. Ce sont eux qui communiquent ensuite le mouvement à la crémaillère 57 et à l'écrou 52 pendant le temps de décharge, de ce dernier. Naturellement, ces organes sont extrêmement légers pour être instantanément manœuvrables avec un très faible effort et, bien entendu, l'écrou 52 est irréversible.

La mise en route a froid

A. – Les premiers allumages

La mise en route est obtenue à froid à la main ou au démarreur avec une bougie électrique à incandescence (filament de platine iridié à 25 %) disposé sur la chambre de combustion.

On peut allumer ainsi un combustible quelconque, même à l'état liquide, pourvu qu'il soit assez divisé et en grand excès. Les combustions, dans ces conditions, sont assurément très mauvaises et fumeuses, mais elles suffisent à chauffer très rapidement la chambre de combustion qui, on le verra plus loin, est aussi mince que possible.

Du fait que l'allumage susdit ne nécessite pas de vaporisation préalable, il résulte que, pratiquement, la possibilité ou non du démarrage avec un combustible donné dépend moins de son point éclair que de sa fluidité. En fait, on peut démarrer avec de l'huile de goudron de houille pourvu qu'elle ne soit pas sirupeuse.

Mais on ne sera pas surpris que la marche fumeuse dure plus longtemps avec une huile lourde qu'avec du pétrole lampant. Avec ce dernier, la marche fumeuse ne dure que cinq à six secondes, aussi est-il préférable de démarrer au pétrole. Il suffit d'avoir un petit réservoir supplémentaire et un robinet à trois voies sur la pompe d'injection.

Ceci dit, si l'on jette un regard sur les figurines 1 et 2 (fig. 59), on se rend compte que les conditions d'écoulement des fluides en marche normale sont aussi défavorables que possible pour le démarrage, puisque le combustible injecté suivant 11 est aussitôt projeté sur les parois encore froides de la chambre 2. Voici comment on tourne cette difficulté :

1. – On dispose la bougie 58 (fig. 59) dans le plan de projection du pulvérisateur 10 et de façon que le filament soit au fond d'une alvéole 59 ;

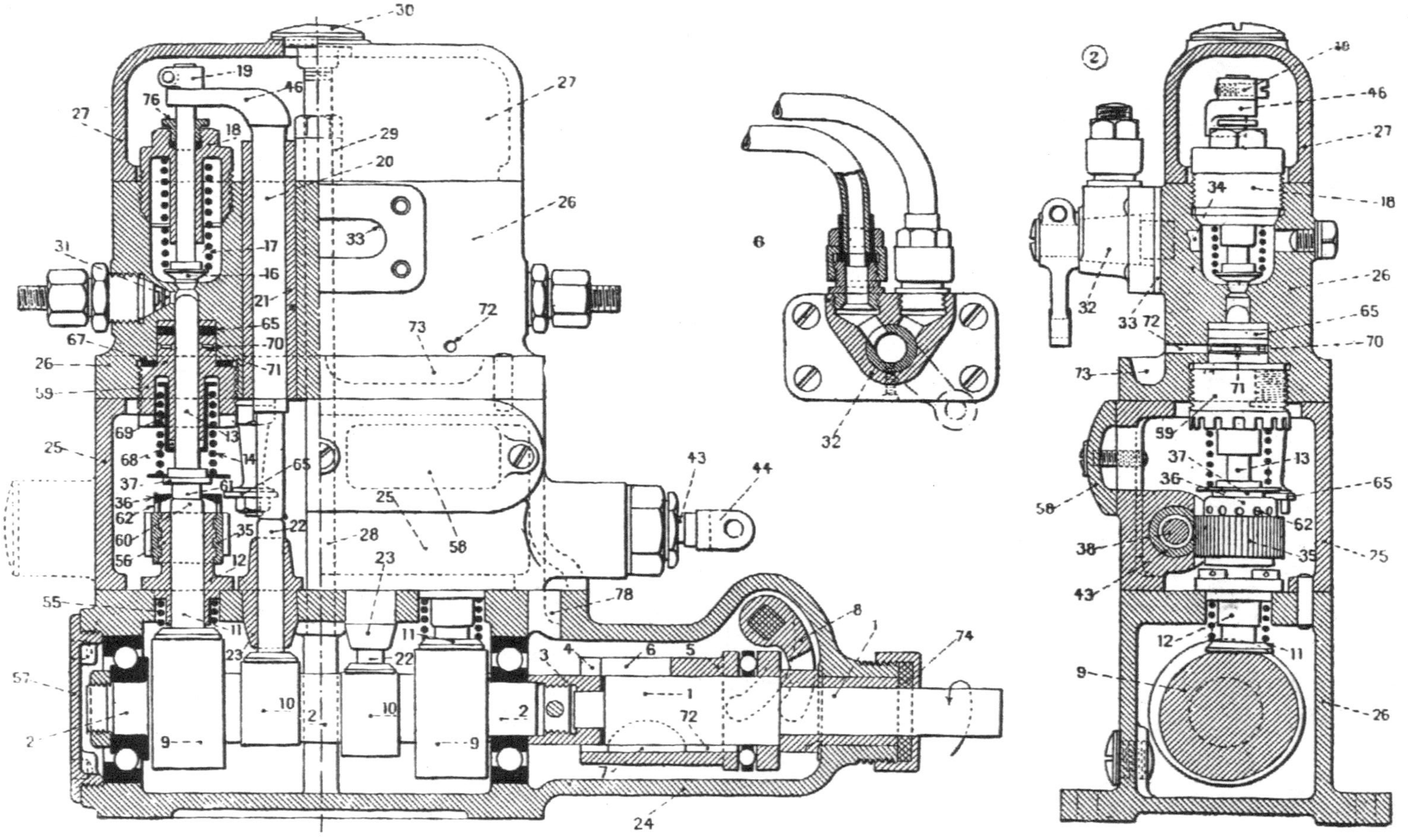

Fig. 61. – La pompe d'injection de combustible.

2. - On utilise concurremment un ensemble de moyens pour que le combustible jaillissant en 11 puisse traverser le « tube d'air » 23 et pour qu'il se trouve en excès dans la chambre 2, c'est-à-dire que : »

a) On décomprime fortement le moteur par le robinet 60 que le piston recouvre à mi-course. En faisant cela, on enrichit le mélange, on diminue la violence du « tube d'air » et on facilite la manœuvre de la manivelle ou faction du démarreur.

b) On augmente le débit de la pompe par le procédé déjà, expliqué, ce qui augmente à la fois la richesse du mélange et la violence de l'injection. On peut encore, dans ce dernier but, utiliser une came spéciale, à profil très abrupt, qu'on met en fonction par un dispositif *ad hoc*.

c) On décale la pompe par le procédé déjà expliqué, de telle sorte que l'injection ait lieu en retard, après que le plus fort du « coup de soufflet » est effectué.

Par ces moyens, on parvient :

1. - à projeter du combustible jusqu'à la bougie ;

2. - à obtenir qu'une quantité suffisante de combustible liquide pulvérisé reste en suspension dans l'air de la chambre pendant un temps suffisamment long. Le premier de ces cas permet un allumage dans l'alvéole 59, zone calme ; le second, la propagation de la flamme dans la masse principale.

L'alvéole 59 joue un rôle complexe :

1. - Au moment du « coup de soufflet » qui, au démarrage, précède l'injection, le filament est, par sa disposition dans l'alvéole, suffisamment soustrait à l'action réfrigérante de l'air comprimé.

2. - Le calme relatif dans l'alvéole permet au combustible qui se vaporise sur le filament, de former avec l'air ambiant un mélange tonnant qui explose. C'est cette petite explosion qui projette dans la chambre une flamme assez chaude pour allumer le combustible à l'état liquide.

3. - Quand la machine est chaude, et la bougie rouge, il est intéressant de soustraire les parties avancées, délicates, de ladite bougie à l'action oxydante du « coup de soufflet », et ceci est obtenu grâce à l'alvéole.

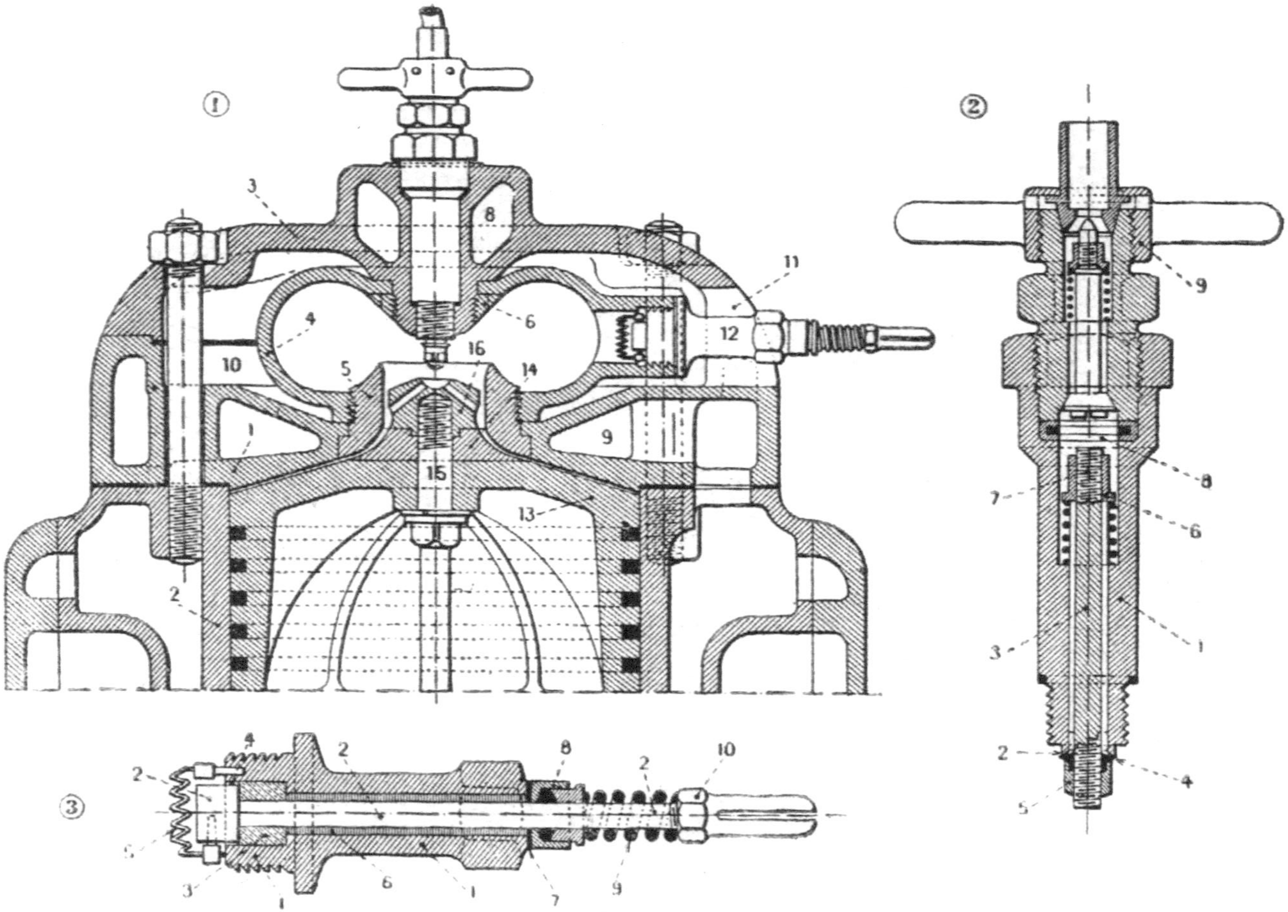

Fig. 62. — L'appareil d'allumage et la soupape d'injection.

B. – Passage à la marche de régime et précautions pour la conservation du filament

Voici le moteur qui tourne ; on peut fermer aussitôt le robinet de décompression. Le moteur va prendre de la vitesse, la chambre 2 va chauffer rapidement et l'on va pouvoir alors couper le courant qui alimente la bougie. L'allumage est maintenant automatique. Mais si l'on coupe le courant un instant trop tard, le filament est fondu. Il n'a pas résisté au double apport de chaleur et du courant et des flammes qui maintenant l'environnent. Rien à faire du côté dimensions ou dispositions ; on a tout essayé. Quant à l'alliage, il n'existe pratiquement rien de mieux (à part l'iridium pur qu'on ne sait pas encore étirer industriellement).

Voici comment on se tire de là par un moyen simple. On laisse ouvert le robinet de décompression, le moteur est réglé pour pouvoir marcher dans ces conditions, avec une propreté relative, puisque le robinet débouche dans l'échappement. Or, l'expérience montre que le filament ne fond pas quand la décompression est ouverte. Du moins semble-t-il, car on doit avouer que l'essai de cinquante heures n'a pas été fait. On se contente généralement de fermer au bout de dix secondes et, en fermant, on coupe le courant par la même commande. Aucun oubli pratiquement possible, évidemment, puisque le moteur décomprimé est inutilisable. On peut d'ailleurs disposer un système à ressort de rappel obligeant l'opérateur à tenir à la main un levier ou anneau de tirage pendant les dix secondes de la mise en train.

C. – La source d'énergie électrique

Tout est bon pour alimenter la bougie, piles, accus, dynamos. Le choix dépend de l'application. Dans le cas d'un véhicule déjà pourvu de l'éclairage électrique, on se servira évidemment de la batterie d'éclairage. Dans le cas contraire, on peut avoir, spécialement affectée à l'allumage, une très petite dynamo très multipliée ne servant qu'au démarrage et qu'on débraie aussitôt après. On peut la débrayer en fermant la décompression. Cette disposition, supprimant les accus, élimine l'insécurité inhérente à ces appareils[7].

[7] D'autres procédés, dont on ne peut parler encore, sont à l'étude et permettraient de démarrer plus simplement encore.

D. Un dispositif de secours

En cas de panne de l'appareillage électrique, on pourra sans doute employer le dispositif suivant, encore à l'étude il est vrai. À la place de la vraie bougie, on peut disposer la fausse bougie figurine 10 (fig. 59), comportant un aggloméré spécial 61 rapporté par exemple par vissage à l'aide d'un gros filetage à profil arrondi. On allume extérieurement cet aggloméré avec une allumette et on met la bougie en place. On tourne le moteur, le charbon se ravive, flambe, et... l'on doit partir. On doit partir puisque cette expérience a été réussie une fois, avec simplement un morceau de briquette « Union » (lignite importé d'Allemagne). Il est donc extrêmement vraisemblable qu'on trouvera, quand on la cherchera, une composition encore plus favorable donnant dans tous les cas un démarrage certain et facile.

On a aussi la ressource de chauffer la chambre de combustion avec une lampe à souder. *Il est inutile qu'elle soit portée au rouge. Une température de 400° C environ suffit pour démarrer au pétrole avec la décompression, donc facilement à la main.* La catalyse n'intervient pas car on réussit cette expérience aussi bien en enlevant le filament de la bougie.

Examen du rendement du moteur Peugeot. — Sans entrer dans le détail de l'examen critique de la comparaison entre le rendement du moteur Peugeot et celui du moteur Diesel, nous nous contenterons de citer les conclusions auxquelles cet examen permet d'arriver. Aussi bien d'ailleurs les conclusions sont-elles confirmées par des résultats d'expériences.

Le cycle à volume constant a un rendement théorique supérieur au cycle à pression constante : c'est là un fait qui n'est plus nié par personne aujourd'hui. Le dosage très exact du combustible fourni par la pompe à injections du moteur Peugeot permet de n'envoyer au cylindre que la quantité strictement nécessaire de combustible pour produire le travail que l'on désire obtenir. D'autre part, quelle que soit la puissance demandée au moteur, la compression reste constante puisque le balayage est lui-même sensiblement constant. Rien d'étonnant par conséquent que dans ces conditions le rendement thermique reste sensiblement le même, quelle que soit la charge du moteur.

Le moteur Peugeot est actuellement au banc, et depuis de longs mois déjà. On a pu, au cours de son fonctionnement, faire des mesures de consommation et de puissance, qui ont conduit à des résultats tout à fait remarquables.

L'exactitude absolue de ces résultats peut peut-être encore être mise en doute étant donné les conditions dans lesquelles la puissance du moteur est absorbée ; c'est un moulinet Renard, en effet, qui fonctionne sur le moteur Tartrais, et la proximité des pales et du volant du moteur fait que peut-être de légères corrections doivent être apportées aux puissances constatées. Quoi qu'il en soit d'ailleurs, ces corrections ne sauraient avoir une importance bien grande, et les chiffres que nous donnons ici même, s'ils sont sujets à correction, montrent la qualité du moteur.

On a obtenu, en effet, avec ce moteur de 120 d'alésage et 150 de course, une consommation de pétrole lampant qui a descendu à 180 grammes au cheval-heure, pour une vitesse de rotation d'environ 1.000 tours à la minute. C'est là sans doute une consommation record, et peut-être dans la pratique de consommation sera-t-elle légèrement plus élevée.

Quoi qu'il en soit, elle est, comme on le voit, très en dessous de la consommation des moteurs de petites dimensions actuellement en usage.

Ajoutez à cela que ce moteur fonctionne à peu près à n'importe quel liquide combustible : pétrole lampant, huile de houille, huile d'arachide, huile de ricin, et même, paraît-il, huile de foie de morue.

Chapitre II

Évacuation des gaz brûlés

La question de l'évacuation plus ou moins complète des gaz brûlés est particulièrement importante dans le cas du moteur à deux temps. Dans ce type de moteur, l'expulsion des gaz brûlés est le plus souvent complétée, après détente de ceux-ci, par l'admission des gaz frais de la cylindrée suivante.

C'est dans le but de produire une expulsion aussi complète que possible des gaz brûlés, tout en ne perdant pas de gaz frais, qu'un grand nombre d'inventeurs ont étudié des dispositifs plus ou moins compliqués. Ces dispositifs seront examinés plus loin; dans ce paragraphe nous ne traiterons que la partie théorique de la question

La présence, dans le cylindre d'un moteur, d'une certaine quantité de gaz brûlés d'une explosion, au moment de l'explosion suivante, a été le point de départ de nombreuses discussions. Certains prétendent qu'il faut absolument éviter la présence de gaz brûlés dans une cylindrée, au moment de l'explosion, tandis que d'autres cherchent à maintenir une certaine dose de ces gaz dans le cylindre, dans le but de donner au moteur des qualités spéciales.

Voyons d'abord les causes de l'évacuation incomplète des gaz brûlés. Ces causes peuvent être ramenées à deux :

1. - L'insuffisance de l'orifice d'échappement ; dans ce cas, on oppose une résistance à l'écoulement des gaz brûlés et l'on comprend facilement qu'une certaine partie de ces gaz puisse rester dans le cylindre ;

2. - Une fermeture trop prématurée de l'orifice d'échappement.

On voit d'après cet exposé qu'il serait facile d'obtenir une évacuation complète des gaz brûlés en ménageant à ces gaz une ouverture suffisante, eu égard à la vitesse linéaire du piston. Ce dernier donne à la masse gazeuse une énergie cinétique qui peut lui permettre d'être chassée complètement au-dehors : la fermeture de l'orifice d'échappement devra donc être opérée au moment précis où la vitesse d'écoulement des gaz passe par zéro.

L'énergie cinétique donnée à la masse gazeuse a pour effet la production d'une dépression à l'intérieur du cylindre et l'on voit que, si l'on parvenait à fermer l'orifice d'échappement au moment où cette dépression est maximum, il ne resterait dans le cylindre qu'une très faible quantité de gaz brûlés.

Par ce simple raisonnement, on se rend compte qu'on pourrait arriver au résultat cherché sans avoir recours, soit à des pompes auxiliaires, soit à des chasses d'air, soit à des compressions dans des cylindres distincts.

En réalité, ceux qui étudient les moteurs à deux temps, ne cherchent généralement pas à produire une évacuation absolue des gaz brûlés ; ils se contentent de faire un balayage aussi complet que possible.

Voyons maintenant quel est le but de cette préoccupation. Il est évident que, pour obtenir une bonne utilisation dans un moteur à explosions, il convient d'introduire dans une cylindrée le plus de calories possible, sous forme d'un mélange de combustible et d'air, et de produire une combustion aussi complète que possible de ce mélange. Or, ces conditions sont d'autant mieux remplies qu'il y a moins de gaz inertes dans le cylindre (l'azote de l'air excepté, bien entendu), puisque, d'une part, ces derniers occupent une certaine place, et que, d'autre part (si l'on admet la théorie de la stratification), les couches de gaz inertes peuvent arrêter la propagation de l'onde explosive et provoquer ainsi des combustions incomplètes.

De plus, les gaz brûlés restant dans le cylindre sont à température élevée ; ils peuvent dilater les gaz frais et, en conséquence, contribuer au moins bon remplissage de la cylindrée. Leur présence en trop grande quantité peut, enfin, produire des allumages prématurés et dans d'autres cas, être la cause de ratés d'allumage.

En résumé, si l'on veut obtenir, dans un moteur, la meilleure utilisation possible du combustible, ce combustible étant introduit sous forme d'un mélange gazeux de composition déterminée, il est nécessaire d'assurer l'homogénéité de ce mélange. Certains constructeurs cherchent, au contraire, à maintenir dans le cylindre une certaine proportion de gaz brûlés, dans le but de donner au moteur un fonctionnement spécial, ainsi que nous allons le voir.

Lorsqu'un moteur est établi de façon à ne pas permettre l'évacuation complète des gaz brûlés, c'est-à-dire lorsque l'échappement n'a pas lieu à fond de course, il doit rester dans le cylindre, aux grandes vitesses angulaires, une proportion plus élevée de gaz brûlés par rapport à la cylindrée totale.

En effet, lorsque la masse gazeuse brûlée est lancée par le piston, l'énergie cinétique qui lui est communiquée a pour effet d'en comprimer une certaine partie dans l'espace mort, et l'on comprend que cette compression sera d'autant plus élevée que la vitesse linéaire du piston sera plus grande. Il en résulte donc qu'aux vitesses angulaires élevées, toutes choses égales d'ailleurs, l'utilisation du combustible doit être moins bonne. C'est ce qui explique, dans une certaine mesure, pourquoi les courbes caractéristiques des moteurs ainsi conçus sont plus plates que celles des moteurs dans lesquels on recherche une évacuation plus complète.

Rappelons que cette forme de la courbe caractéristique ne constitue pas un inconvénient, puisque cela permet d'obtenir d'un moteur une puissance pratiquement constante entre d'assez larges limites, résultat qui caractérise la souplesse de ce moteur

Examinons maintenant comment les gaz frais se comportent lorsqu'ils se trouvent en présence des gaz brûlés au moment de l'ouverture de la lumière d'admission.

Vers la fin de la course du piston, l'orifice d'échappement est découvert et les gaz brûlés, possédant alors une pression très supérieure à la pression atmosphérique, sont en majeure partie évacués au moment de cette ouverture. Au même instant, les gaz frais de la charge suivante pénètrent sous pression dans le cylindre et chassent devant eux, vers l'échappement, les gaz brûlés qui possèdent, à ce moment, une pression voisine de la pression atmosphérique. Cette introduction est faite soit par la partie supérieure du cylindre, soit, le plus couramment, par une lumière, placée, comme la lumière d'échappement, à la base de la chambre de travail. Dans ce dernier cas, le sommet des pistons est muni d'une sorte de cuiller (déflecteur), qui a pour but de renvoyer les gaz frais vers le fond du cylindre ; ces derniers suivent alors la courbure de la culasse et se dirigent vers l'échappement, en chassant devant eux les gaz brûlés restant encore dans le cylindre. Le plus généralement, on cherche la complète évacuation des gaz brûlés et le plus parfait remplissage possible de la cylindrée; il importe donc que les gaz frais ne se mélangent pas aux gaz brûlés, qu'ils les poussent devant eux jusqu'à l'orifice d'échappement, ce dernier devant être fermé au moment précis où les dernières portions de gaz brûlés viennent de le franchir.

La première de ces conditions est fondamentale, puisque, si les gaz frais se mélangeaient immédiatement aux gaz brûlés, on n'obtiendrait jamais un remplissage parfait. Les expériences d'Otto, de Teichmann, de Dewar ont démontré que la stratification des couches gazeuses est un phénomène courant dans les moteurs à gaz.

D'après Otto, en introduisant l'air, puis le gaz, on obtient une telle stratification de la charge que cette dernière se compose, au fond du cylindre, d'un mélange pur, facilement inflammable et, près du piston, de résidus gazeux ; cette stratification a pour résultat de ralentir la combustion et, par suite, d'abaisser le maximum de pression et celui de température.

L'appareil d'allumage enflamme seulement les portions du mélange les plus rapprochées du point d'introduction (il s'agit ici d'un moteur à gaz) ; l'inflammation se transmet ensuite graduellement aux particules suivantes du mélange et progresse d'autant plus lentement que ces particules sont plus éloignées les unes des autres, c'est-à-dire que la zone de combustion se rapproche davantage du piston.

Quelques années plus tard, Teichmann refit les mêmes expériences et ses conclusions furent les suivantes[8] :

> « Les diverses parties de la charge d'un moteur à gaz, introduites successivement, ne se mélangent pas uniformément entre elles, mais présentent une composition différente suivant les endroits. Cette composition, il est vrai, n'est pas parfaitement régulière et ne peut se représenter au moyen d'aucune loi mathématique, mais on peut cependant, avec une forme de cylindre et un mode d'admission convenables, s'attendre, en toute sécurité, à trouver à certains endroits une composition répondant à des besoins déterminés. J'ai prouvé, en outre, que cette répartition n'est pas modifiée parla compression, qu'elle a une influence très importante sur la manière dont s'opère la combustion et qu'on peut, en modifiant la façon dont s'opère

[8] *Zeitschrift des Vereines Deutscher Ingenieure*, 1887, p. 271.

l'introduction, la forme de la chambre de travail et celle du conduit d'admission, agir sur la marche de la combustion et la diriger d'une façon plus ou moins avantageuse. »

Dewar est parvenu à prélever, en différents endroits d'un cylindre, des échantillons de mélange gazeux après l'aspiration. Il a trouvé les résultats suivants[9] : aux environs du point d'allumage, tout près du fond du cylindre, le mélange contenait 10 % de gaz combustibles (ces essais furent faits sur un moteur à gaz) ; l'échantillon prélevé tout près du piston contenait 5 % de gaz, tandis qu'un échantillon prélevé entre ces deux points en renfermait 7 %. Le premier échantillon s'enflammait facilement, tandis que le dernier ne pouvait plus être enflammé. Ces expériences ont été reprises plus tard par Teichmann et les résultats trouvés furent analogues.

Évidemment, le cas du moteur à deux temps n'est pas tout à fait comparable à celui du moteur à gaz qui a servi pour ces expériences, puisque, dans le premier cas, les gaz frais sont introduits sous pression, qu'ils sont mis en contact avec des gaz brûlés à haute température. Ces deux conditions seraient très favorables à leur mélange plus ou moins complet, mais il est un fait certain, c'est qu'on peut diminuer les chances d'opérer ce mélange en introduisant les gaz frais sous une pression très peu supérieure à la pression atmosphérique, ce qui est, d'ailleurs, très favorable à un bon rendement mécanique. Quoi qu'il en soit, il nous est possible de constater que, dans certains moteurs à deux temps, l'on est arrivé à obtenir de bons remplissages sans, pour cela, perdre une trop grande quantité de gaz frais par les orifices d'échappement.

Examen des gaz d'échappement

Les constructeurs de moteurs à deux temps auraient le plus grand intérêt à étudier, au cours de la mise au point, la composition des gaz d'échappement. C'est le seul moyen de se rendre compte de l'utilisation du combustible ; seule l'analyse peut montrer si une certaine quantité de gaz frais a été évacuée par l'orifice d'échappement.

Il est beaucoup plus difficile de se rendre compte si une partie des gaz brûlés n'est pas restée dans le cylindre mélangée aux gaz frais. Des

[9] Les résultats sont rapportés dans l'ouvrage d'Hugo Güldner, *Entwerfen und Berechnen der Verbrennungsmotoren*, p. 544.

prélèvements d'échantillons ont pu être effectués dans les cylindres de moteurs fonctionnant au gaz d'éclairage, dont les pistons sont animés de faibles vitesses linéaires, mais le problème devient très compliqué pour les moteurs qui nous intéressent, dont les vitesses linéaires données aux pistons sont généralement élevées. Nous ne désespérons cependant pas de trouver un procédé qui permettrait de faire ces prélèvements, dont l'examen serait du plus haut intérêt pour les constructeurs de moteurs à deux temps.

Nous avons eu l'occasion de faire un prélèvement de gaz d'échappement sur le moteur Colmant dont les essais ont été relatés à la page 85 de cet ouvrage.

L'échantillon soumis à l'analyse a été prélevé au cours d'un essai effectué le 29 février 1912, alors que ce moteur tournait à la vitesse angulaire de 1 420 tours par minute et développait une puissance de 40 chevaux.

Les gaz d'échappement ont été soumis à l'analyse au moyen d'un eudiomètre permettant une plus grande précision dans les mesures. Nous avons indiqué le mode opératoire dans les numéros 29 et 30 du Bulletin officiel de la Commission technique de l'Automobile-Club de France.

Les résultats de cette analyse sont groupés dans le tableau ci-après. Les lettres ont les significations suivantes :

t est la température de l'eau entourant le réservoir de l'eudiomètre ;

t' est la température de l'eau entourant le manomètre de l'eudiomètre ;

t'' est la température de l'air ambiant ;

H est la pression atmosphérique ;

h est la pression du mélange gazeux, mesurée ;

*h*o est la pression du mélange gazeux, ramenée à 0°.

La formule qui a été appliquée est celle que nous avons publiée dans le numéro d'octobre 1908 du *Bulletin officiel de la Commission technique de l'Automobile-Club de France.* Cette formule est la suivante :

$$h_0 = \frac{\mathrm{H}\,(1 - 0{,}00016\,t'') - h\,(1 - 0{,}00017\,t')}{1 + 0{,}00364\,t}$$

Détermination du pourcentage et de la nature des hydrocarbures existant dans les gaz d'échappement.

Les résultats de l'analyse des gaz d'échappement que nous venons de donner indiquent :

N° de l'essai.	SPÉCIFICATION du dosage effectué.	t	t'	t''	H	h	h_0	RAPPORTS des pressions.	POURCENTAGE en volume des gaz du mélange.
1	Mélange gazeux introduit	13	14	14	771	93,5	645,8	100	
2	Après absorption de l'anhydride carbonique .	11	14	12	772,5	181,7	566,9	87,78	12,22 de CO^2.
3	— — de l'oxyde de carbone . . .	12	15	12	768,2	175,8	566,4	87,70	0,08 de CO.
4	— — de l'oxygène	12	14	12	760	180,5	554	85,78	1,92 de O.
5	— — de l'acétylène.	13	15	11	760	180,5	554	85,78	0 de C^2H^2.
6	— introduction d'oxygène et du gaz de la pile	14	15	14	766,5	60,3	670,6	103,83	
7	Après combustion des hydrocarbures	13	13,2	14,2	762	70	659,62	102,13	1,70 (contraction)
8	— absorption de l'anhydride carbonique formé	13,5	13,4	14	762	75,5	653,29	101,15	0,98 de CO^2.
9	Détermination de l'azote par différence . .	»	»	»	»	»	»	»	84,97 de Az.

Analyse des gaz d'échappement prélevés dans le moteur Calmant.

1. - La contraction qui a suivi la combustion des hydrocarbures existant dans le mélange (essai n° 7) ;
2. - La quantité d'anhydride carbonique qui a pris naissance dans cette réaction (essai n° 8).

De ces deux chiffres, on peut déduire la nature des carbures qui ont été brûlés, si l'on se pose qu'il y en a deux prédominants.

Prenons, par exemple, le méthane (un des constituants de l'essence) : son équation de combustion est :

$$CH^4 + 40 \;=\; CO^2 + 2H^2O$$

$$1^{vol} + 2^{vol} \;=\; 1^{vol} + \text{(condensée) (condensée)}$$

ce qui montre :

1. - Que la contraction rapportée au volume du méthane est de 2 ;
2. - Que le rapport du volume d'anhydride carbonique formé au volume du méthane est de 1.

Par conséquent, le rapport de la contraction au volume de l'anhydride carbonique est de 2.

Pour l'éthane (autre constituant de l'essence), ce rapport est de 1,25.

La contraction observée dans l'analyse ci-dessus étant de 1,70, et le volume d'anhydride carbonique de 0,98, le rapport est, dans ce cas,

$$1{,}70 / 0{,}98 \;=\; 1{,}73$$

ce qui nous permet de supposer que nous nous trouvons en présence d'un mélange de méthane et d'éthane.

Pour en déterminer les quantités respectives, nous pouvons écrire, en appelant x la quantité de méthane et y la quantité d'éthane, les deux équations suivantes :

$$2\,x + 2{,}5\,y \;=\; 1{,}70$$

$$x + 2\,y = 0{,}98$$

d'où nous déduisons

$$x \;=\; 0{,}64$$

$$y \;=\; 0{,}17$$

Le mélange des deux gaz, c'est-à-dire le volume des hydrocarbures entraînés avec les gaz d'échappement, occupait donc le volume

$$0{,}64 + 0{,}17 \;=\; 0{,}81$$

Ce résultat montre que, dans le moteur considéré, le balayage des gaz brûlés doit être complet, puisqu'une petite quantité de gaz frais a été évacuée par l'échappement. Cette quantité est cependant très faible et parfaitement acceptable.

Ces deux considérations permettent d'expliquer la consommation spécifique relativement faible (0,355 kg au cheval-heure) relevée sur le moteur Colmant.

Dispositifs destinés à produire l'élimination la plus complète possible des gaz brûlés.

La plupart des inventeurs ont adopté, pour leurs moteurs à deux temps, le procédé classique qui consiste à munir la partie supérieure du piston d'un déflecteur dont le rôle est de détourner le jet de gaz frais arrivant horizontalement, de l'envoyer vers le fond de la culasse d'où il se dirige ensuite vers l'échappement en chassant devant lui les gaz brûlés restant dans le cylindre.

Ce procédé est évidemment très simple, mais son efficacité ne peut être complète que pour une pression bien déterminée donnée aux gaz frais, par des dimensions d'orifices d'admission et d'échappement heureusement choisies et pour une vitesse angulaire constante du moteur.

Il est évident que toute modification apportée à l'un des facteurs aura pour conséquence de faire varier le régime d'évacuation, et cette variation aura pour conséquence, soit d'augmenter la consommation spécifique du moteur, une certaine quantité de gaz frais s'échappant au-dehors, soit de diminuer la puissance, une partie des gaz brûlés restant dans le cylindre.

Un certain nombre d'inventeurs ne s'en sont pas tenus à ce dispositif, leurs solutions peuvent être classées en quatre catégories :

1. - Formes spéciales données aux pistons dans le but de réduire au minimum l'espace mort ;
2. - Modes spéciaux d'introduction des gaz frais ;
3. - Balayage des gaz brûlés par un courant d'air pur ;
4. - Aspiration des gaz brûlés à l'extérieur du cylindre.

1° – Formes spéciales données aux pistons dans le but de réduire au minimum l'espace mort

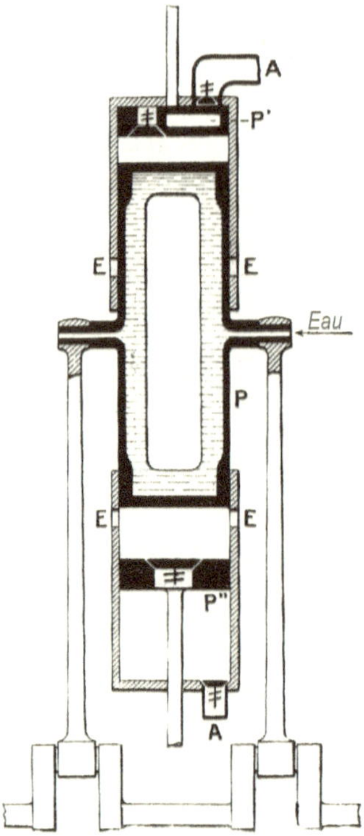

Fig. 63. - Schéma du moteur Crespelle.

M. **Crespelle** a cherché dans son moteur (**brevet n° 358 492 du 27 septembre 1905**) à réaliser une évacuation absolue des gaz d'échappement. À cet effet, les surfaces des pistons sont planes et peuvent venir au contact l'une de l'autre (fig. 63). Le piston moteur P est symétrique, les explosions agissent sur ses deux faces. Les deux cylindres comportent chacun un tube d'admission A muni d'une soupape automatique et des lumières d'échappement E. Enfin, les pistons P' et P" sont munis également de soupapes automatiques.

Aussitôt l'explosion produite entre P et P', ce dernier se rapproche du piston moteur et se trouve en contact avec lui lorsqu'il est à fond de course. À ce moment, l'expulsion des gaz brûlés est complète. Les pistons s'acheminent alors vers le fond du cylindre avec des vitesses différentes ; P', se déplaçant plus vite, vient toucher le fond du cylindre, ce qui a pour résultat de faire passer au-dessous de lui (entre P et P') les gaz frais que ce piston avait aspirés au moment de sa descente.

Les tiges des pistons l'arbre moteur. On voit qu'il n'y a aucune perte de travail par décompression du mélange gazeux comprimé au moment de son passage dans la chambre d'explosion.

Dans ce moteur, deux explosions sont produites à chaque tour de l'arbre, de chaque côté du piston : c'est donc un moteur à double effet.

Dans le moteur **Dignat** (**brevet n° 386 191 du 14 janvier 1908**), les deux pistons se déplaçant dans le cylindre sont également plats et peuvent venir au contact l'un de l'autre : les espaces nuisibles sont ainsi supprimés.

Dans le moteur **Spenli** et **Vérot** (**brevet n° 356 626 du 1er août 1905**), le piston moteur P est traversé par la tige d'un second piston P'. Ces deux tiges sont reliées à des arbres différents, l'arbre correspondant au piston P' étant commandé, au moyen d'un engrenage, par l'arbre moteur, de telle sorte que les deux pistons ne conservent pas toujours la même distance pendant le fonctionnement (fig. 64).

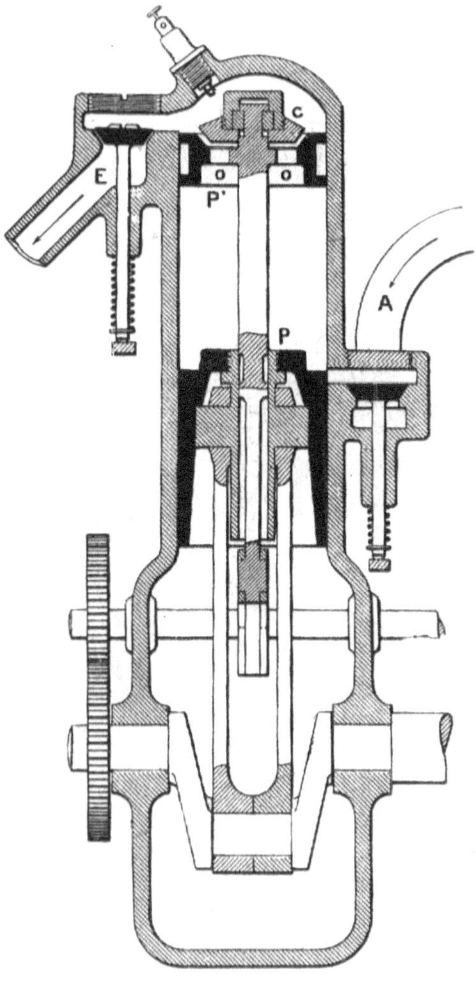

Fig. 64. - Schéma du moteur Spenli et Vérot.

Le piston P' est percé de deux ouvertures O pouvant être obturées par le clapet C coulissant sur la tige prolongée de ce piston.

Lorsque l'explosion a lieu, les deux pistons sont accolés. Aux $4/5$ de la course, la soupape commandée E permet aux gaz brûlés de s'échapper. Le piston P' remonte, alors vers la culasse et chasse les gaz brûlés qui restent dans le cylindre. Ce mouvement détermine une aspiration de gaz frais entre les pistons, la soupape du conduit A s'étant soulevée. Puis les deux pistons se rapprochent, la charge de gaz frais passe par les ouvertures O dans la partie supérieure du cylindre. Les gaz frais sont ensuite comprimés par les deux pistons accolés.

Dans ce moteur, le mélange gazeux comprimé ne subit pas de détente au moment de son introduction dans la chambre de travail.

M. **Maillard** s'est surtout préoccupé d'éviter le contact entre les gaz frais et les gaz brûlés. Dans son moteur (**brevet 384 598 du 2 décembre 1907**), les gaz frais ne servent donc pas à expulser les gaz brûlés. Dans le cylindre de ce moteur peuvent se mouvoir deux pistons P et

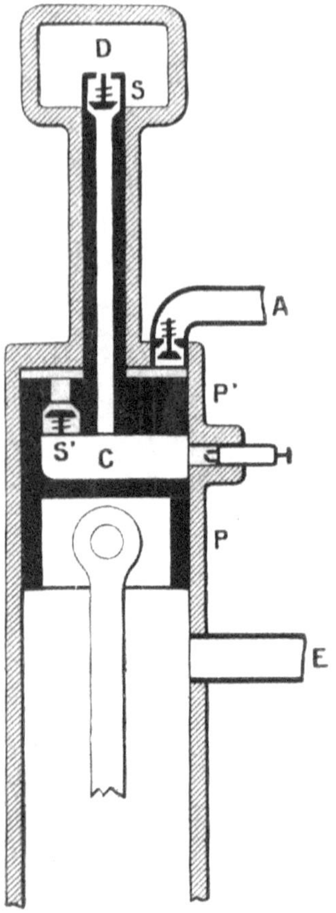

Fig. 65. – Schéma du moteur Maillard.

P' (fig. 65) : l'un est moteur, l'autre est commandé par la pression des gaz d'échappement. À cet effet, ce dernier comporte un prolongement creux dans la partie supérieure duquel est logée une soupape automatique établissant la communication entre la chambre de travail C et une chambre close D. Ce piston P' porte une seconde soupape S'.

Supposons que les pistons occupent la position figurée ; dès que l'explosion a eu lieu, le piston P descend, une partie des gaz brûlés passent en D ; le piston P' ne bouge pas, tant que le piston P n'a pas découvert l'échappement E.

En effet, à ce moment, la pression tombe brusquement dans C et, comme il existe en D une certaine pression, le piston P' vient rejoindre le piston P au bas de sa course chassant la totalité des gaz brûlés. Ce mouvement de descente produit l'aspiration par A des gaz frais. Lorsque P remonte, entraînant P', le mélange gazeux passe dans la chambre C à travers la soupape S'. La soupape S' est réglée de façon à ne pouvoir s'ouvrir que sous une pression légèrement supérieure au taux le plus élevé de la compression en C afin d'éviter l'entrée de gaz frais dans la chambre D.

MM. **Maillan** et **Odoni** (**brevet n° 395 511 du 30 décembre 1908**) se sont préoccupés d'obtenir également une évacuation complète des gaz brûlés. Dans chacun des cylindres de leur moteur se trouvent deux pistons P et P', dont l'un, P, est le piston moteur et l'autre P' le piston compresseur (fig. 66). Ces pistons sont indépendants. Le piston P' est actionné, par l'intermédiaire d'une tige *t*, au moyen de secteurs dentés recevant leur mouvement de cames commandées par l'arbre moteur. Le mouvement ainsi communiqué au piston P' est le suivant : ce piston obture le fond du cylindre et reste dans cette position tant que le piston P comprime le mélange gazeux au-dessus de lui. Dès que l'explosion a eu lieu, il descend, aspire les gaz frais par A au travers de la soupape automatique S, en même temps qu'il refoule les gaz brûlés par E. L'introduction des gaz frais complète l'évacuation des gaz brûlés.

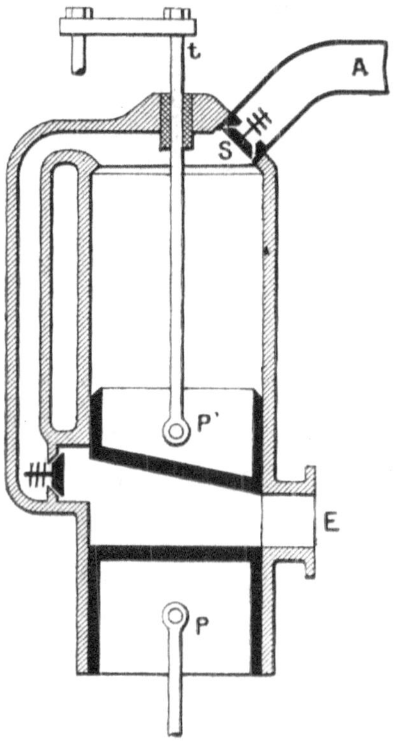

Fig. 66. – Schéma du moteur Maillan et Odoni.

2° – Modes spéciaux d'introduction des gaz frais

La manière d'introduire les gaz frais dans le cylindre a une grande importance au point de vue de l'évacuation des gaz brûlés. Il faut éviter le plus possible qu'il y ait mélange des gaz frais aux gaz brûlés aussitôt qu'ils sont mis en présence, sans quoi on n'obtiendrait jamais un balayage complet. Otto, Teichmann et Dewar ont montré que, dans les moteurs à gaz où la vitesse linéaire du piston est relativement faible, il se produisait dans le cylindre une véritable stratification. Dans les moteurs à explosion qui nous intéressent, les vitesses atteintes par les pistons sont beaucoup plus élevées, et l'on s'avancerait peut-être trop en supposant qu'il ne se produit pas de mélange entre les gaz frais et les gaz brûlés.

Nous avons eu l'occasion de constater, cependant, certains phénomènes de nature à donner des arguments aux partisans de la stratification : un moteur à explosion, tournant de 800 à 900 tours par minute, a pu fonctionner, dans certaines conditions, comme un moteur à gaz alimenté par tout ou rien ; à un moment, donné, les explosions cessaient, puis survenait une explosion défectueuse, bien que le dispositif d'allumage fonctionnait normalement, et les explosions redevenaient égales jusqu'au moment où les mêmes phénomènes se reproduisaient.

Cette irrégularité dans l'allumage peut être expliquée par la présence d'un matelas de gaz inertes demeurant sur le piston et prenant de plus en plus d'importance jusqu'au moment où, le piston étant en haut de sa course, les gaz brûlés viennent noyer la bougie et empêcher l'allumage de la charge.

Tout cela revient évidemment à des questions d'orifices et de vitesses données au gaz, mais ces questions sont mal définies et l'on ne saurait les résoudre, dans le moteur à deux temps, que par tâtonnements. Quoi qu'il en soit, un certain nombre de règles sont élémentaires et doivent être observées ; il est évident que si l'on veut éviter les remous, dont la conséquence est de provoquer le mélange des gaz frais aux gaz brûlés, il ne faut introduire les premiers ni sous une pression exagérée, ni dans une direction quelconque.

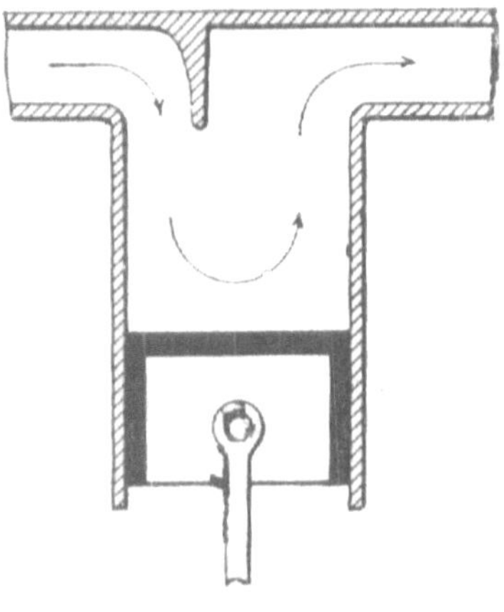

Fig. 67.– Schéma du moteur Richard et Grand'Eury.

La solution la plus généralement adoptée consiste à diriger le jet de gaz frais horizontalement, sous une faible pression[10], contre un déflecteur qui le dirige vers la culasse. Ce jet suit alors la courbure de la culasse et se dirige de haut en bas vers l'orifice d'échappement. C'est le procédé que nous avons vu appliqué sur la plupart des moteurs que nous avons décrits ; il donne, dans certaines conditions, de bons résultats.

MM. **Richard** et **Grand'Eury** (**brevet n° 394 432 du 24 août 1908**) préfèrent placer le déflecteur au fond du cylindre ainsi que l'indique la figure 67. Cela conduit à munir de soupapes les conduits d'admission et d'échappement.

Dans le moteur de la Société **Despland et Cie** (**brevet n° 334 253 du 30 juillet 1903**), les lumières d'admission et d'échappement sont disposées côte à côte. L'auteur suppose qu'au moment où elles sont démasquées,

[10] L'introduction des gaz frais sous faible pression, non seulement pour éviter une perte de travail par détente, mais encore pour éviter les tourbillons pouvant provoquer le mélange des gaz frais aux gaz brûlés a été revendiquée par M. Lemaître (brevet n° 321 932 du 18 juin 1902).

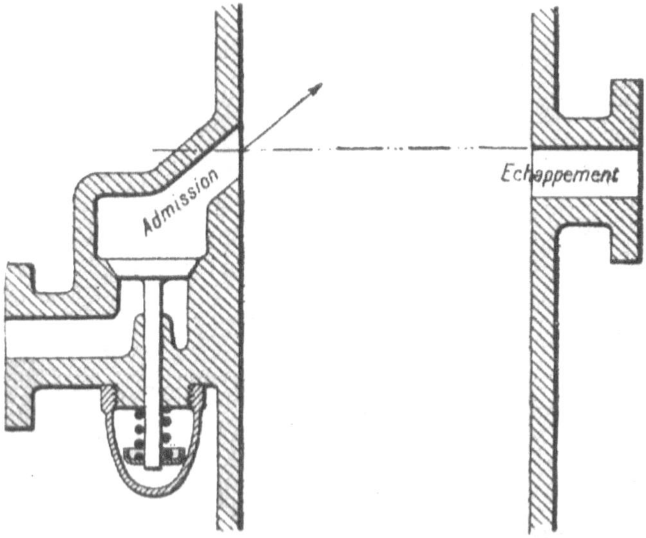

Fig. 68. – Schéma du dispositif d'admission Goldschmidt et Lepape.

à fond de course, les gaz frais prennent un mouvement de rotation et chassent devant eux les gaz brûlés.

Il est probable que, dans ces conditions, les gaz qui se trouvent dans la culasse ne sont pas intéressés par ce mouvement.

MM. **Goldschmidt** et **Lepape** (**brevet n° 350 384 du 8 décembre 1904**) introduisent les gaz frais par une tubulure dont l'axe est incliné par rapport à celui du cylindre et dirigé vers le fond de la culasse (fig. 68).

Dans le moteur **Kiény** (**brevet n° 336311 du 29 octobre 1903**), les gaz frais sont admis en une colonne verticale dirigée vers le fond de la culasse.

À cet effet, le piston comporte un double fond percé de deux ouvertures latérales qui, lorsqu'elles viennent se placer en regard des lumières d'admission A, permettent aux gaz frais de se diriger vers la buse *a* qui en dirige l'écoulement (fig. 69). Le jet gazeux frappe le fond de la culasse, s'épanouit et revient en léchant les parois L'échappement se produit à fond de course, lorsque le piston découvre des lumières telles que E ménagées sur toute la périphérie du cylindre.

M. **Behrend** (**brevet n° 394 219 du 11 septembre 1908**) introduit également les gaz frais en une colonne verticale. Le piston de son moteur est muni, en son centre, d'une soupape commandée. L'échappement se produit, comme dans le moteur précédent, par des ouvertures latérales, à fond de course.

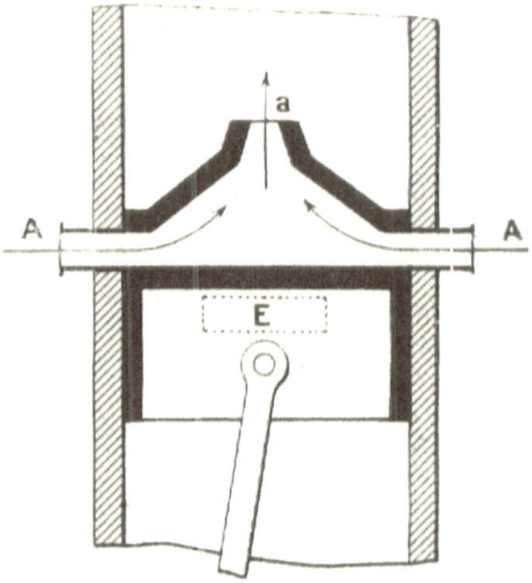

Fig. 69. – Schéma du moteur Kiény.

Un certain nombre d'inventeurs préfèrent admettre les gaz à une des extrémités du cylindre, les gaz brûlés étant évacués par l'autre. Cette disposition est adoptée dans le moteur **Lepape (brevet n° 390 680 du 30 mai 1908)** : le mélange est comprimé dans un réservoir distinct du cylindre et est admis à la partie supérieure de ce dernier ; l'épanchement a lieu à fond de course.

Nous retrouvons également une application de ce principe dans le moteur **Paratre (brevet n° 387 836 du 5 mars 1908)** mais, dans ce dernier moteur, l'admission est faite au bas du cylindre et l'échappement a lieu par le fond de la culasse ; une soupape commandée règle l'ouverture de la lumière d'échappement. Dans le moteur Collins, où le mélange est aspiré dans le carter, puis transvasé à travers une soupape placée dans le fond du piston, l'échappement a lieu au travers d'une soupape commandée placée au fond et dans l'axe du cylindre.

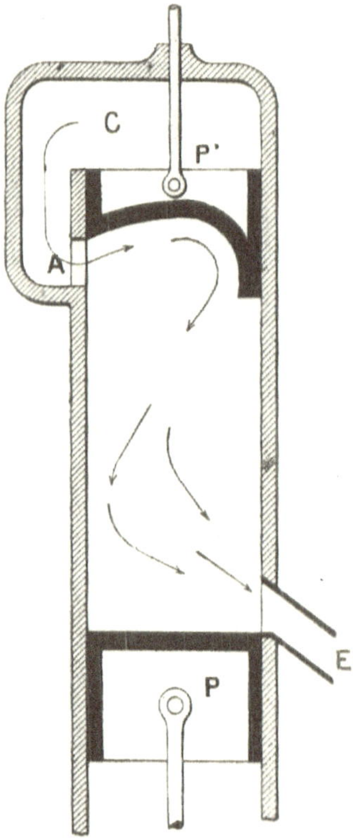

Fig. 70. – Schéma du moteur Suteau et Strouble.

Le moteur **Violet** et **Hénon (brevet n° 408 243 du 25 octobre 1909)** possède également l'échappement par la partie supérieure du cylindre.

Dans le moteur de MM. **Suteau** et **Strouble (brevet n° 387 321 du 18 février 1908)**, l'admission est faite par la partie supérieure du cylindre et l'échappement par le bas, mais les gaz frais ne sont pas dirigés dans l'axe du cylindre. Le cylindre contient deux pistons : l'un P est le piston moteur, l'autre P', dont la tige est commandée par le moteur, sert à comprimer le mélange dans la chambre C et à former tiroir pour l'admission (fig. 70). Lorsque P' remonte, les gaz frais comprimés qui sont au-dessus de lui, entrent dans le cylindre par l'orifice A, suivent le profil du piston P', sont renvoyés vers la partie de la paroi du cylindre opposée à l'orifice d'échappement E, et chassent ainsi les gaz brûlés devant eux : ainsi le pense du moins l'auteur de ce projet. En réalité, le choc du jet gazeux sur la paroi doit donner naissance à des tourbillons, dont le résultat est de favoriser le mélange des gaz frais aux gaz brûlés.

L'inventeur du moteur Hardt s'est surtout attaché à diminuer le plus possible le mélange des gaz frais aux gaz brûlés. La compression se fait dans le carter et le transvasement par un tube latéral (fig. 71). Le piston comporte à sa base un renflement, dans lequel est creusé un canal destiné, au moment où le piston va atteindre le sommet de sa course, à mettre en communication le canal de transvasement avec l'air extérieur, par l'intermédiaire de l'ouverture *c*, ménagée dans la paroi du cylindre un peu au-dessous de l'ouverture d'admission L'auteur de ce dispositif estime qu'à ce moment, à la faveur de la faible dépression qui existe dans le carter (rempli de gaz frais), une certaine quantité d'air pénètre dans le canal de transvasement.

Lorsque le piston arrivera à fond de course, cet air entrera dans le cylindre avant les gaz frais et chassera devant lui les gaz brûlés restant dans le

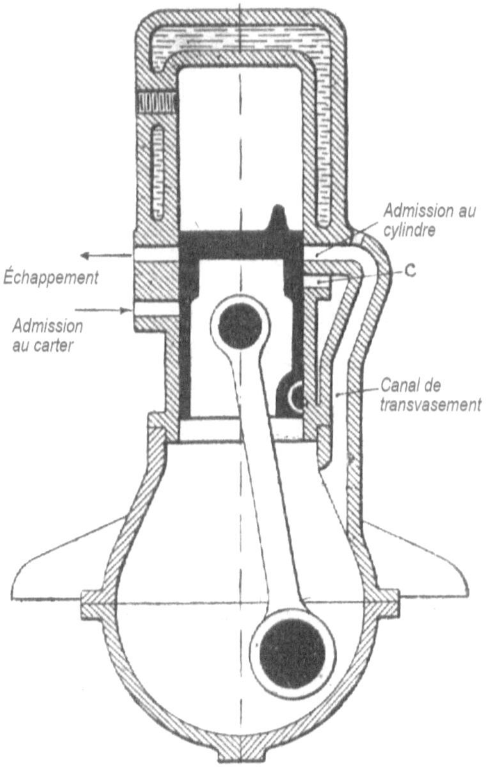

Fig. 71. - Moteur Hardt.

cylindre. L'auteur attribue, en outre, à ce dispositif l'avantage d'empêcher les retours de flamme vers le carter.

Dans le but d'éviter les inconvénients du déflecteur qui sont principalement : les remous qui occasionnent des tourbillonnements et, par suite, le mélange des gaz par tournoiement, la présence, sur le fond du piston, d'une protubérance qui augmente énormément réchauffement des organes par radiation, un ingénieur, M. DA COSTA, a construit en 1900 une machine élémentaire à deux temps avec déflecteur télescopant.

Dans l'idée de l'inventeur, son dispositif permettait d'améliorer très notablement le fonctionnement et le rendement total des deux temps à échappement et à admission simultanés, tout en leur assurant une fabrication, une consommation et une marche réellement économiques.

Ce déflecteur, ainsi que le montre la figure 72, devait partager continuellement le cylindre en deux parties distinctes, dans toute la longueur

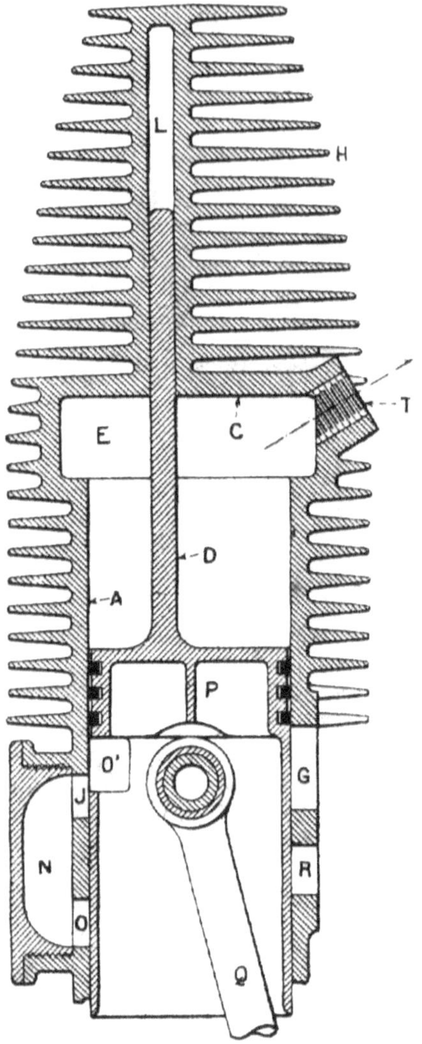

Fig. 72. — Coupe partielle d'un deux temps avec déflecteur télescopant.

A. – Cylindre.
C. – Culasse.
D. – Déflecteur.
E. – Chambre d'explosion.
G. – Échappement.
H. – Ailettes de refroidissement.
J. – Admission.
L. – Logement du déflecteur.
N. – Communicateur.
O et O'. – Transvasement.
P. – Piston.
Q. – Bielle.
R. – Orifice d'aspiration.
T. – Trou de bougie d'allumage.

de la course du piston, tout en laissant la libre communication de ces deux capacités à l'endroit même de la chambre de compression, obligeant les gaz à suivre le chemin normal qui leur était imposé.

De plus, le déviateur, formant cloison, devait rester constamment engagé dans son logement, quelles que soient les positions relatives du piston, ce qui le protégeait efficacement de toute corrosion et de toute détérioration abrégeant l'existence des déflecteurs ordinaires.

Ce dispositif de déflecteur, très simple, quoique d'une grande efficacité, conservait au moteur à deux temps une construction quasiment simplifiée tout en lui procurant les qualités requises. Ce système de déviateur en canalisant rigoureusement les gaz, permettait d'obvier à la presque totalité des inconvénients que l'on constate dans les moteurs à deux temps où le déplacement de la masse gazeuse utile s'opère pendant la phase d'échappement.

Les avantages qui découlaient tout naturellement de cette disposition étaient les suivants :

1. Plus grandes sections de passage, en hauteur comme en largeur des fenêtres de distribution ménagées dans le cylindre, comparativement aux autres deux temps, d'où plus longue durée d'ouverture desdites fenêtres ;
2. Une couche moins considérable de gaz frais mis en contact avec les gaz dilatés, puisque les uns et les autres sont guidés pendant toute la durée de leur évolution ;
3. Emplissage plus parfait et cylindrée plus complète, autrement dit, charge nullement réduite ni appauvrie et, par suite, carburation et composition du mélange explosif non modifiées ;
4. Suppression des remous et tourbillonnements toujours néfastes, et, par suite, impossibilité de tout mélange des gaz tonnants avec les vieux gaz ;
5. Meilleure expulsion des produits de la combustion, d'où moins grand volume de gaz brûlés restant dans le cylindre ;

   (À ce sujet, on sait que les gaz morts, non évacués, prennent fatalement la place de la cylindrée utile, échauffant et dilatant inutilement le mélange carburé admis.)
6. Moins grande possibilité d'entraînement des gaz neufs par les gaz résiduels, d'où impossibilité de perte de charge et de combustible par l'échappement ;

7. Consommation normale en carburant et en lubrifiant ne dépassant pas de beaucoup celle des moteurs à quatre temps ;
8. Enfin, et c'est ce qui devait constituer le principal avantage du système, il autorisait une plus grande hauteur d'orifices.

La durée de la période d'admission et d'échappement pouvait être considérablement plus longue que celle permise dans les deux temps ordinaires, ce qui supprimait radicalement, aux grandes allures, le freinage des gaz à l'admission, par étranglement des orifices d'introduction et d'expulsion.

En effet, dans tous les moteurs à deux temps avec déviateur ordinaire, on est très limité dans la hauteur à donner aux lumières pour ne pas exagérer les pertes inévitables par l'échappement.

Par conséquent, la hauteur des orifices d'admission et d'échappement du cylindre pouvant être augmentée, sans craindre les fuites de gaz tonnants, on améliorait non seulement le rendement des moteurs à deux temps à admission et échappement simultanés, mais encore leur souplesse.

Le fonctionnement du moteur muni du déviateur da Costa était le suivant (fig. 72) : le piston P arrivant aux environs du point mort haut, le déflecteur D presque entièrement noyé dans son logement L, la chambre de combustion G pleine de gaz explosifs comprimés, une étincelle électrique jaillit, avec l'avance voulue, entre les pointes d'une bougie et met le feu au mélange tonnant.

L'explosion et la détente qui en découlent agissent sur la face supérieure du piston et le chassent vers le bas.

Dans les parages du point mort inférieur, le piston découvre d'abord les orifices H d'évacuation par où s'échappent les gaz dilatés et ensuite, après cette chute immédiate de pression, les orifices J d'admission par où pénètrent les gaz neufs refoulés par une pompe *ad hoc* d'alimentation.

Les gaz frais, entrant dans le cylindre A, *ne rencontrant qu'une petite surface de gaz chauds* et, orientés par le déflecteur D, chassent devant eux et vers le haut, les gaz brûlés sans mélange, sans tourbillon.

Les gaz neufs, continuant leur évolution, passent de l'autre côté du déflecteur D par les seuls passages permanents J à l'endroit même de la culasse C, dans la chambre G de compression, et par des lumières et percées dans le corps du déflecteur D, balayant toujours les produits de la combustion. Dans sa course ascendante, le piston P obture, en premier lieu, l'orifice d'admission J puis celui d'échappement H.

À partir de ce moment commence la phase de compression finale et le piston atteignant le voisinage du point mort supérieur, l'étincelle électrique éclate à nouveau entre les électrodes et le cycle se réaccomplit.

Le déflecteur force donc les gaz à suivre normalement le chemin qui leur est assigné.

Malheureusement, si dans l'appareil d'essai, tout était parfait au point de vue évolution des gaz, il n'en était pas de même au point de vue constructif. Le moteur, au bout de quelque temps de marche, chauffait terriblement ; la cause en était due uniquement au déflecteur, aussi l'inventeur a-t-il dû abandonner ce système qui semblait théoriquement autoriser certains espoirs.

3° - Balayage des gaz brûlés par un courant d'air pur

Dans le moteur **James Burton**, les gaz brûlés sont chassés par un jet d'air pur. Le mélange carburé comprimé est ensuite introduit et remplace l'air que contient le cylindre ; le balayage est donc effectué dans les meilleures conditions possibles.

Un piston P reçoit l'impulsion motrice par sa partie supérieure, tandis qu'il aspire et comprime de l'air pur par sa partie inférieure.

Au moment où le piston monte, il aspire de l'air par l'ouverture *a* ; en descendant, l'ouverture d'échappement est découverte et, en même

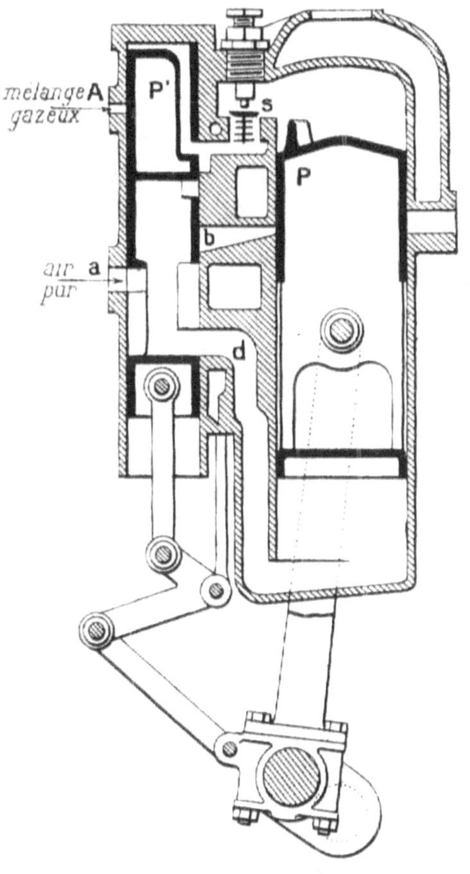

Fig. 73. – Coupe du moteur James Burton.

temps, le piston-valve découvre l'orifice *b* en obturant l'orifice *a*. L'air contenu dans la chambre inférieure est donc refoulé par l'orifice *d* et par l'intérieur du piston-valve P', dans le cylindre moteur, en produisant une chasse d'air violente qui produit l'expulsion des gaz brûlés en même temps que le refroidissement du cylindre. Lorsque le piston remonte, la chambre supérieure ne contient donc que de l'air pur.

Voyons maintenant le fonctionnement du piston-valve P'.

Ce piston-valve, très long, a pour mission de démasquer et d'obturer les divers orifices en temps voulu. Son mouvement est décalé d'environ 60° par rapport à celui du piston P.

C'est ainsi que, sur la figure, le piston P continue à monter, comprimant le mélange dans la chambre d'explosion et aspirant de l'air pur dans la chambre inférieure. Le piston-valve qui découvre, en ce moment, les orifices *a* et *d*, va commencer à descendre en obturant l'orifice *a*. L'air pur aspiré se trouvera donc enfermé jusqu'au moment où, simultanément, le piston P et le piston-valve P' découvriront l'orifice E. L'air pur, comprimé sous le piston, pénétrera alors dans le cylindre, comme nous l'avons dit, pour chasser les gaz brûlés.

Mais, dans sa course descendante, la partie supérieure du piston P' a produit au-dessus d'elle une dépression. Arrivé au bas de sa course, l'orifice A, qui est en communication avec le carburateur, a été découvert et un mélange riche a été aspiré. Le piston P' remontant, ce mélange a été comprimé jusqu'au moment où la soupape automatique *s* s'est soulevée et a laissé pénétrer ce mélange dans la chambre supérieure.

En résumé, les deux temps sont caractérisés de la façon suivante :

Premier temps. — Explosion et détente du mélange, compression et refoulement d'air pur dans la chambre C (et dans l'intérieur du piston-valve à la fin du temps), échappement des gaz brûlés par E et introduction d'air comprimé par *b*. Pendant ce temps, et un peu avant la fin aspiration du mélange gazeux par le piston-valve à travers l'orifice A.

Deuxième temps. — Compression de l'air dans la chambre supérieure, aspiration d'air dans la chambre inférieure. Pendant ce temps, compression du mélange gazeux par le piston-valve, et refoulement de ce mélange dans la chambre supérieure

Le balayage des gaz brûlés est effectué, dans le moteur Burth (fig. 74), par un courant d'air comprimé introduit à fond de course. Le carter sert de compresseur d'air. L'entrée d'air est commandée par un tiroir

T, fonctionnant dans un cylindre horizontal en communication avec le carter. Le même tiroir sert à aspirer les gaz frais et à les faire passer dans un réservoir, puis dans le cylindre.

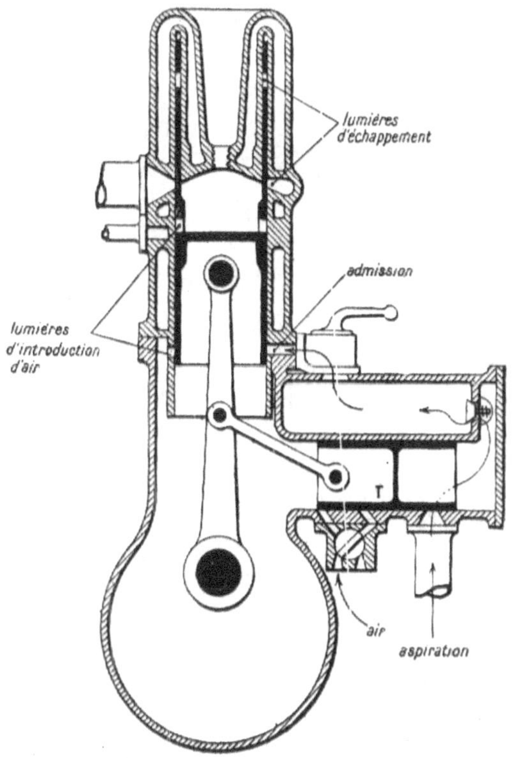

Fig. 74. Moteur Burth.

La Société **Grégoire** a également fait breveter (**brevet n° 340 976 du 5 mars 1904**) une disposition relative du clapet d'aspiration d'air et des orifices par lesquels le mélange gazeux est introduit, telle qu'au moment de l'admission, une certaine quantité d'air pur est d'abord admise dans le cylindre. Cet air pur empêche, d'une part, le mélange de la masse gazeuse explosive avec les gaz brûlés et, d'autre part, une déperdition des gaz frais par les ouvertures d'échappement.

Dans le moteur **Billet** (**brevet n° 396 881 du 27 novembre 1908**) de l'air pur est d'abord admis dans le carter-pompe dans le but de produire, au moment voulu, une chasse des gaz brûlés. Un mélange carburé très riche est ensuite admis ; son addition à l'air pur, passé déjà dans la chambre d'explosion, produit un mélange gazeux de composition normale. Le passage du mélange riche dans la chambre d'explosion est opéré au moyen d'une soupape automatique placée au centre du piston ; cette soupape commande donc la communication entre la chambre d'explosion et le carter-pompe. Cette soupape est surmontée d'une buse convergente verticale, qui dirige les gaz vers le fond de la culasse.

Dans un certain nombre de moteurs, nous trouvons des dispositifs destinés à intercaler, entre la charge de gaz frais et les gaz brûlés, un matelas d'air dont le but est de chasser devant lui les gaz brûlés et d'empêcher la sortie, par les ouvertures d'échappement, d'une partie des gaz frais.

Le moteur **Torrent** (**brevet n° 363 405 du 19 février 1906**) est conçu dans cet ordre d'idées. Le constructeur pense qu'il se forme sur le piston un matelas d'air pur, dont le rôle est de chasser les gaz brûlés et d'empêcher les pertes de gaz frais par l'orifice d'échappement. L'air pur est admis sous pression ; les gaz frais, admis ensuite, refoulent cet air par l'orifice d'échappement encore ouvert. Ce résultat est obtenu par la combinaison de deux cylindres dont les pistons ont deux diamètres (ces cylindres pouvant être opposés, accolés ou en tandem). Les parties annulaires des pistons servent de pompes et compriment, l'un de l'air pur, l'autre du mélange gazeux.

L'air et le mélange gazeux sont emmagasinés dans quatre tubes alimentant respectivement d'air et de mélange chacun des cylindres

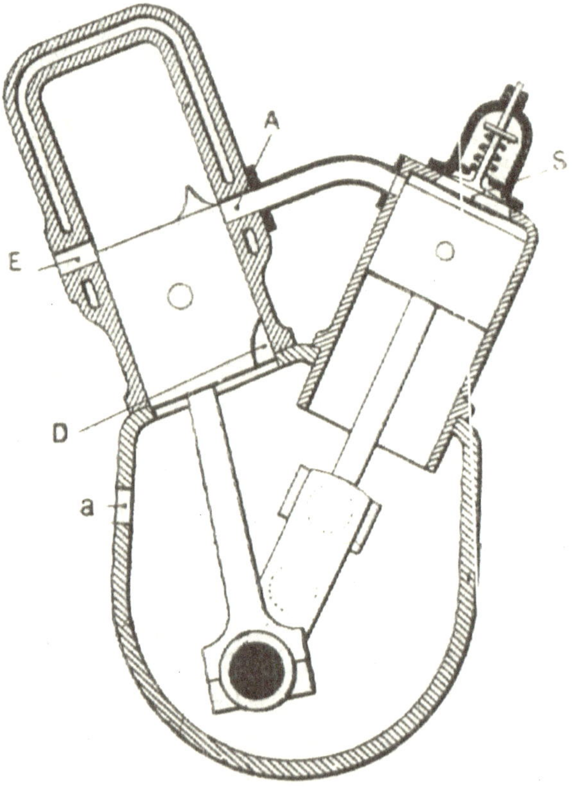

Fig. 75. – Schéma du moteur Appleton.

moteurs, par des lumières démasquées à fond de course. La même idée se retrouve dans le moteur **Appleton** (fig. 75), mais ici le cylindre-pompe est distinct du cylindre-moteur et fait avec lui un certain angle. Les bielles reliées aux pistons sont calées à 180°.

L'échappement a lieu par la lumière E et la charge entre par la lumière A. Lorsque commence l'aspiration, la soupape s s'ouvre d'abord et un mélange riche entre dans la pompe puis, lorsque le piston de la pompe est presque à fond de course, le piston moteur présente, devant la lumière A, l'encoche qui est ménagée à sa base, de sorte qu'une certaine quantité de l'air pur, qui est entré dans le carter par l'ouverture *a*, vient prendre place dans le canal de transvasement et dans le cylindre-pompe, au-dessus de la couche de mélange gazeux. C'est cet air qui, au moment du transvasement, doit servir à balayer les gaz brûlés restant encore dans le cylindre moteur.

Dans le moteur **Harding** (fig. 76), on cherche également à constituer un matelas d'air entre la charge de gaz frais et les gaz brûlés. La disposition ne paraît pas heureuse ; elle comporte, en effet, une chambre d'explosion annulaire. De plus, les gaz frais et l'air entrent chacun par une extrémité de la capacité formée par l'intérieur du piston ; dans ces conditions, il est douteux qu'il n'y ait pas mélange.

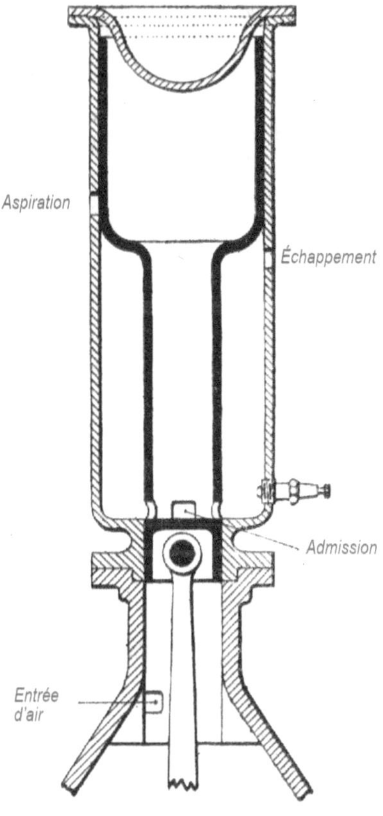

Fig. 76. - Moteur Harding.

Dans le moteur **Albertini** (**brevet n° 344 507 du 1er juillet 1901**), on produit un balayage intensif et uniforme des parois du cylindre : l'air de balayage arrive à une pression peu élevée et tout changement dans la direction de ce courant d'air est évité, de telle sorte que la possibilité d'un mélange de cet air avec les gaz brûlés est sensiblement réduite.

À cet effet, le fond du cylindre et la tête du piston sont coniques ; le fond du cylindre se termine par le siège de la soupape d'air de balayage.

Il en résulte qu'à l'ouverture de cette soupape, il se produit un courant d'air annulaire qui, sans changer de direction, lèche les parois du fond du cylindre et chasse devant lui les gaz brûlés.

Dans le moteur **Senemaud** (**brevet n° 426 336 du 30 avril 1910**), la carburation n'est effectuée que lorsqu'une dose d'air pur comprimé a déjà balayé le cylindre. L'injection du combustible est réglée par un pointeau ; elle est faite dans le tube latéral amenant l'air comprimé du carter dans la chambre d'explosion.

Signalons enfin le moteur **Dyckhoff** (**brevet n° 389 325 du 24 juin 1908**), dans lequel les lumières d'aspiration sont munies de tuyères formant injecteurs avec des tubes amenant de l'air comprimé. Ces injecteurs servent à compléter, par l'air frais aspiré au-dehors, le balayage rapide des gaz brûlés et à produire, dans le cylindre, l'introduction rapide de la nouvelle charge.

4° - Aspiration des gaz brûlés à l'extérieur du cylindre

Dans le moteur anglais Samson, les gaz brûlés se détendent d'abord par la soupape automatique S, dès que le piston a découvert les orifices d'échappement E (fig. 77). Le piston moteur possède une embase se déplaçant dans un corps de pompe en relation constante, par l'orifice O, avec une capacité A. Lorsque ce piston descend, il crée une certaine dépression dans les espaces B et A et, lorsqu'il est au bas de sa course, la soupape commandée S' se soulève ; les gaz brûlés restant dans le cylindre et le collecteur d'échap-

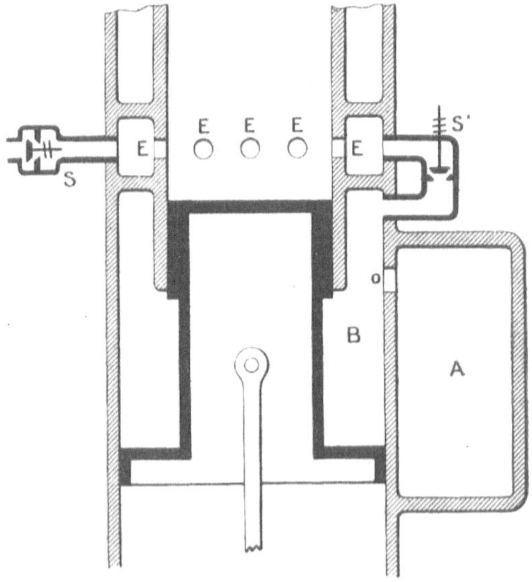

Fig. 77. — Schéma du moteur Samson.

pement se précipitent alors dans les cavités A et B. On voit qu'on n'obtient ainsi qu'une raréfaction des gaz brûlés dans le cylindre et non une évacuation complète.

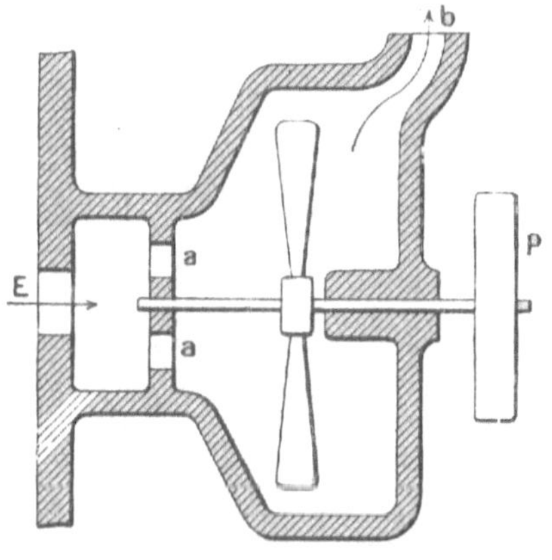

Fig. 78. – Schéma du dispositif de M. Guillot pour l'évacuation complète des gaz de l'échappement.

Une disposition analogue a été adoptée pour le moteur **Pilain** (**brevet n° 433761 du 4 novembre 1910**).

Dans le moteur de MM. **Milcent** et **Mahoux** (**brevet n° 379 914 du 13 juillet 1907**), les gaz brûlés sont aspirés, à un moment donné, par une pompe rotative. Ces gaz sont remplacés par de l'air pur, ce dernier pénétrant dans le cylindre par une cheminée et une soupape placée au fond du piston. Le combustible est introduit, dans l'air pur comprimé que contient le cylindre, à la faveur d'une surpression produite dans le distributeur d'essence.

M. **Guillot** a accolé, au cylindre de son moteur (**brevet n° 386115 du 11 janvier 1908**), une chambre dans laquelle tourne un ventilateur. La lumière d'échappement E est découverte à la fin de la course du piston, et les gaz brûlés, aspirés, traversent les orifices *a*, puis sont refoulés au-dehors par le canal *b*. Le ventilateur est actionné par l'arbre moteur par l'intermédiaire de la poulie *p* (fig. 78).

Une disposition analogue a été brevetée par M. **Huchet** (**brevet n° 331016 du 18 mai 1903**).

M. **de Schlumberger** dispose la tuyauterie d'échappement de son moteur rotatif (**brevet n° 411 622 du 17 janvier 1910**), de manière à utiliser la force centrifuge pour produire l'expulsion des gaz brûlés et même l'admission des gaz frais.

M. **Pruvost** s'est attaché également à obtenir, dans son moteur (moteur Dop, **brevet n° 376 181 du 28 mars 1907**), une expulsion complète des gaz brûlés. À cet effet, il monte sur l'arbre-manivelle un ventilateur V (fig. 79). L'air, comprimé par ce ventilateur, est dirigé dans des chemises entourant les portions des cylindres dans lesquelles se développe le travail moteur, de telle sorte que cet air sert, en premier lieu, au refroidissement

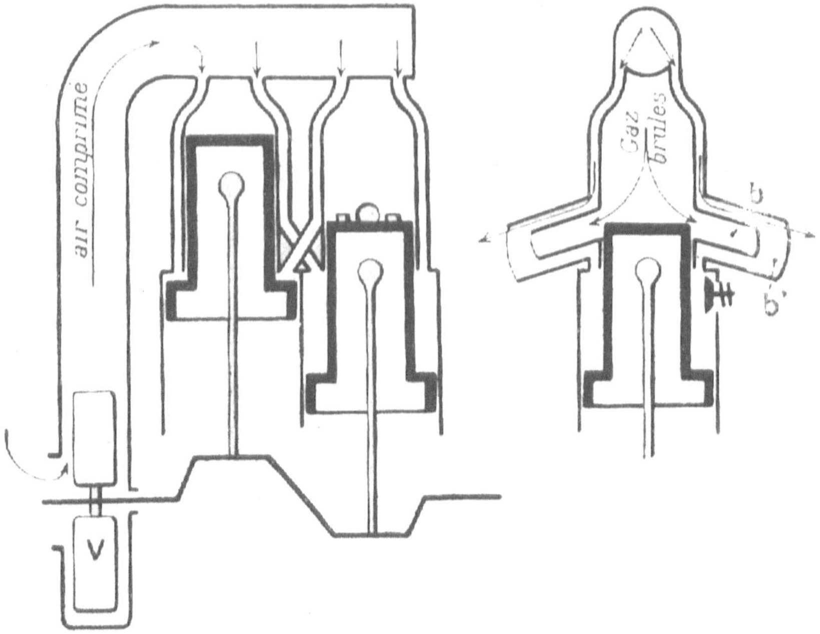

Fig. 79. – Schéma du moteur Pruvost.

du moteur. D'autre part, l'échappement se fait par des buses telles que *b*, placées à l'intérieur de buses plus grandes *b'* faisant corps avec les chemises d'air des cylindres. Au moment de l'échappement, les gaz brûlés sont entraînés par l'air qui s'écoule par les buses *b'*.

On voit ainsi que l'évacuation totale des gaz brûlés, si toutefois ce dispositif permet d'arriver à un tel résultat, est achetée au prix d'une certaine complication et d'une perte notable de travail.

(Dans ce même moteur, le sommet de chacun des cylindres peut être pourvu de segments disposés suivant une rampe hélicoïdale, de telle façon qu'on puisse faire monter ou descendre un piston supplémentaire dans le but d'augmenter ou de diminuer le volume de la chambre d'explosion placée au-dessous de lui.)

Dans le moteur **Cloudsley** (fig. 80), on s'est surtout préoccupé d'éviter le mélange partiel des gaz frais aux gaz brûlés et la perte d'une partie des gaz frais par l'échappement. L'admission du mélange, préalablement comprimé dans le carter, a lieu à fond de course, tandis que l'échappement se produit un peu avant par une ouverture ménagée vers le fond du cylindre. Pour faciliter l'écoulement des gaz brûlés, on a donné au piston une forme spéciale : son corps forme une cavité et sa tête est prolongée par une tubulure pouvant coulisser dans la partie supérieure du cylindre. Une lumière *a*, ménagée dans le piston, vient se placer, au moment de l'échappement, devant une lumière *a'* ouverte dans la paroi du cylindre. À l'extrémité supérieure de la tubulure est disposé un éjecteur. Ce dispositif a pour objet de produire, au moment de l'échappement, un courant d'air de l'intérieur de la tubulure vers l'extérieur, courant d'air qui a pour effet de favoriser l'expulsion des gaz brûlés et, en même temps, de refroidir le piston.

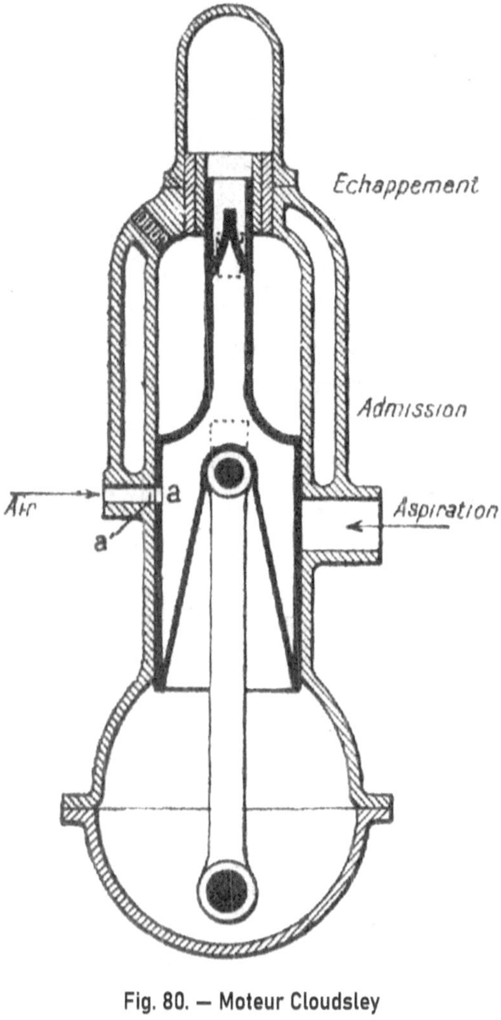

Fig. 80. – Moteur Cloudsley

Le moteur **Duchesne-Fournet (brevet n° 362168 du 4 janvier 1906)** possède également une tuyère de détente montée sur l'orifice d'échappement, dont le but est de provoquer un écoulement rapide des gaz brûlés et de créer une certaine dépression dans le cylindre. L'inventeur compte même utiliser cette dépression pour produire l'aspiration des gaz frais, mais cette prétention est évidemment exagérée.

La même idée se retrouve dans le brevet **Berthon (n° 325 388 du 14 octobre 1902)**.

Dans le moteur **Zoller (brevet n° 424 835 du 13 janvier 1911)**, c'est un véritable turbo-compresseur qui comprime l'air ou le mélange gazeux servant à l'évacuation des gaz brûlés. L'emploi du turbo-compresseur élimine l'inconvénient de la pompe à piston, qui est de fournir une pression constante quelle que soit la vitesse angulaire de l'arbre-moteur.

Avec le turbo-compresseur, la pression finale de l'air de balayage augmente en même temps que la vitesse angulaire qui est communiquée à son arbre.

Aux vitesses élevées, la pression de l'air est plus grande et le balayage est effectué plus rapidement. M. Zoller estime qu'il est préférable d'interposer le turbo compresseur entre le carburateur et le moteur, car on obtient un mélange gazeux plus homogène en raison du brassage auquel il est soumis et de l'élévation de température qu'il subit.

Chapitre III
Dispositifs de distribution

L'ouverture et la fermeture des orifices d'admission et d'échappement sont assurées au moyen de divers dispositifs que nous pouvons classer de la façon suivante :

a. Distribution par le piston ;
b. Distribution par fourreau cylindrique animé de mouvement alternatif ;
c. Distribution par tiroirs et disques rotatifs ;
d. Distribution par soupapes.

Nous examinerons successivement ces quatre catégories de dispositifs.

A. — Distribution par le piston.

Les parois du piston sont pleines ; les parois du cylindre dans lequel il se déplace sont percées de lumières, généralement, une pour l'admission et plusieurs pour l'échappement. Ces lumières, convenablement disposées, sont découvertes, au moment voulu, par le piston.

Nous avons vu au cours des descriptions données dans les chapitres précédents, que ces lumières étaient généralement placées en regard l'une de l'autre et que le piston les découvrait à fond de course. Nous avons, en outre, examiné, dans le chapitre consacré à l'évacuation des gaz brûlés, quelques dispositions spéciales données à ces lumières ; nous n'y reviendrons donc pas. Ce procédé de distribution est le plus employé ; il a l'avantage de donner au moteur une très grande simplicité : c'est la raison principale pour laquelle les inventeurs s'y sont généralement tenus.

B. — Distribution par fourreau cylindrique animé de mouvements alternatifs

Dans d'autres moteurs, c'est un fourreau cylindrique qui remplit le même office que le piston moteur. Ce fourreau se déplace dans une gaine, dont les parois sont percées d'ouvertures convenablement placées.

Ces ouvertures permettent d'établir, au moment voulu, la communication entre le tube d'aspiration des gaz frais et la chambre de compression et, d'autre part, entre la chambre de compression et la chambre d'explosion.

Dans le moteur **Hélium** (voir p. 58), la distribution par fourreau est combinée avec la distribution par le piston. Le fourreau commande seulement le fonctionnement de la pompe à gaz ; un mouvement alternatif de faible amplitude lui est communiqué par l'intermédiaire d'un excentrique calé sur le vilebrequin.

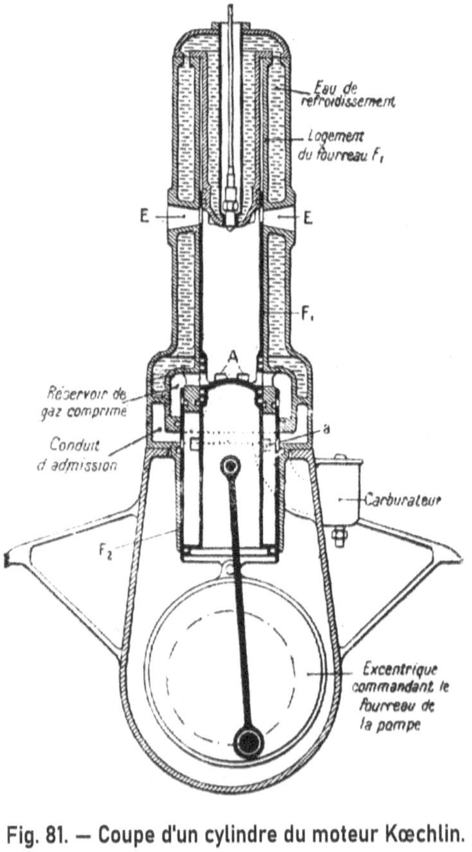

Fig. 81. — Coupe d'un cylindre du moteur Kœchlin.

Au moment de l'aspiration, ce fourreau découvre l'orifice d'un canal relié à un carburateur, et le referme pour le refoulement, tandis qu'il découvre un orifice opposé destiné à permettre ce refoulement.

Une solution analogue se retrouve dans le moteur **Maubach**, mais le fourreau est, dans ce cas, commandé par une came. Ce fourreau est fermé à sa partie supérieure, et la chambre qu'il forme avec la partie supérieure du piston sert de chambre de compression.

À titre d'exemple, nous décrirons le moteur **Kœchlin**, qui a été l'objet de plusieurs réalisations successives. Chacun des cylindres comprend deux parties d'alésages différents. La partie inférieure, possédant l'alésage le plus grand, constitue la pompe. À l'intérieur de ce cylindre peut se déplacer un fourreau F_2, percé d'ouvertures *a* ; son rôle est d'assurer la distribution des gaz frais ; le mouvement de ce fourreau est commandé par un excentrique.

Le cylindre moteur est percé en bas et en haut d'ouvertures A et E, destinées à l'admission et à l'échappement. La distribution est assurée par un fourreau F_1 qui fait corps avec le piston moteur et, par conséquent, *se déplace d'une longueur égale à la course.* Un logement annulaire est ménagé dans la partie supérieure du moteur pour recevoir ce fourreau.

Voici maintenant comment fonctionne le moteur : lorsque le piston arrive au bas de sa course, les ouvertures d'admission A (ménagées dans le fourreau F_1) démasquent les ouvertures correspondantes d'un petit réservoir, dans lequel se trouvent des gaz frais qui ont été comprimés par la pompe d'un cylindre voisin.

Au même moment, les ouvertures d'échappement E sont découvertes ; les gaz frais poussent donc devant eux les gaz brûlés qui restent dans le cylindre. Dès que le piston remonte, toutes les ouvertures se trouvent fermées et la compression commence. En même temps, la pompe comprime une nouvelle quantité de gaz frais qu elle refoule dans le réservoir du cylindre voisin.

Le moteur comporte six cylindres, disposés en deux groupes de trois.

Dans le moteur **Peache** (fig. 82), un fourreau, à l'intérieur duquel se déplace le piston, est commandé par un excentrique qui lui permet *une course atteignant environ la moitié de celle du piston.* Le fourreau possède une embase qui forme le piston d'une pompe. Pendant la course de compression du fourreau, la

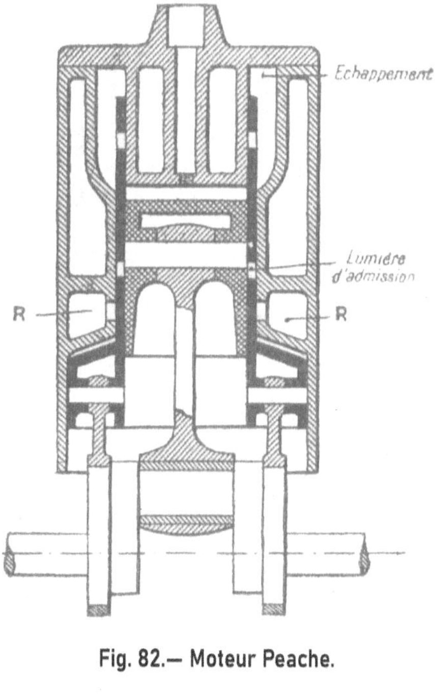

Fig. 82.– Moteur Peache.

charge est transvasée dans le réservoir R. Lorsque le fourreau atteint l'extrémité de sa course supérieure (position figurée), les lumières d'échappement et d'admission sont couvertes. Lorsque le fourreau et le piston redescendront, les lumières d'admission se présenteront devant celles du réservoir, en même temps que les lumières d'échappement seront découvertes. Comme le fourreau est légèrement en avance sur le piston, les lumières d'échappement seront fermées un peu avant les lumières d'admission. Il est à noter que, dans ce moteur, le mouvement du fourreau a une amplitude très réduite.

C'est également un fourreau animé d'un mouvement alternatif qui, dans le moteur **Rayner**, effectue l'aspiration du mélange, puis son transvasement, en même temps qu'il découvre les lumières d'échappement. Le piston et le fourreau sont commandés par le même vilebrequin par l'intermédiaire de deux bielles. La *course du fourreau est la moitié de celle du piston.* Le mouvement du fourreau est légèrement en avance sur celui du piston ; il en résulte que les lumières d'échappement sont fermées avant que celles d'admission soient découvertes.

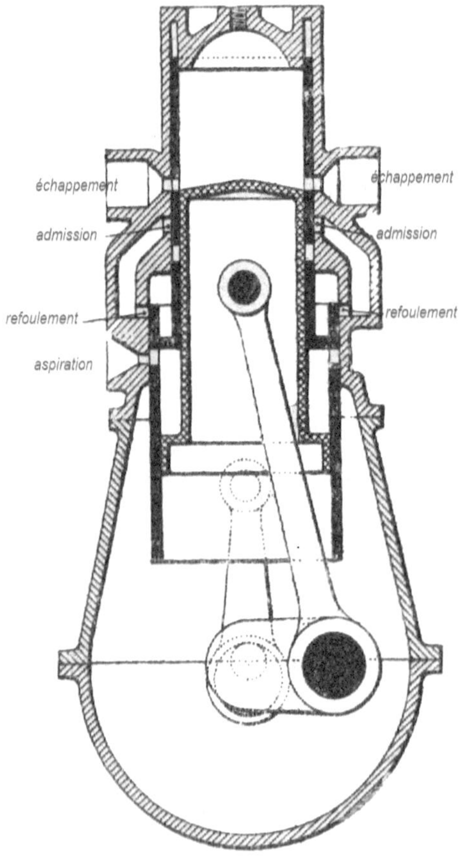

Fig. 84. - Moteur de la Chevardière de la Grandville et À. Guéret au moment où le piston vient de découvrir les lumières d'échappement.

Dans le moteur de la **Chevardière de la Grandville** et **A. Guéret** (fig. 84), moteur qui comporte nécessairement plusieurs cylindres, la distribution est assurée par le déplacement relatif du piston et d'un fourreau percé de lumières convenablement placées. Ce fourreau est commandé par une bielle dont le maneton est décalé d'environ 90° par rapport au maneton de la bielle maîtresse. La bielle est elle-même commandée par un excentrique qui permet au fourreau une course très réduite (entre le 1/5 et le 1/7 de la course du piston).

Le fourreau et le piston sont à double étage et leur déplacement relatif permet l'aspiration et le refoulement des gaz frais, le fourreau assurant la distribution de la pompe.

Les lumières sont placées et calculées de telle sorte que, d'une part, la lumière d'échappement est entièrement démasquée par le fourreau au moment où le piston commence à démasquer cette lumière, l'échappement étant refermé par le fourreau et, d'autre part, la lumière d'admission est démasquée par le fourreau lorsqu'elle est déjà démasquée par le piston et est, au contraire, fermée par le piston alors qu'elle est encore entièrement démasquée par le fourreau.

Les pompes des différents cylindres refoulent les gaz frais dans une sorte de canalisation, dans laquelle débouchent les lumières d'admission. Les lumières de refoulement sont donc en relation avec les lumières d'admission des différents cylindres et, tant que la lumière de refoulement de l'une quelconque des pompes est démasquée, la lumière d'admission de l'un quelconque des cylindres se trouve également démasquée, de sorte que les gaz frais peuvent être transvasés dans les différents cylindres sous une pression très faible, juste nécessaire pour opérer ce transvasement.

Il est à remarquer que, dans ce moteur, il n'est prévu qu'un très léger balayage des gaz brûlés ; l'admission se produit, en effet, lorsque les ouvertures d'échappement sont presque complètement fermées.

Dans les moteurs **Sautter-Harlé**, **Colmant** et **Krebs** (voir aux pages 92, 85 et 93), le tiroir est analogue à celui d'une machine à vapeur ; il est placé dans la canalisation qui établit la communication entre la pompe de compression et la chambre d'explosion.

Le même dispositif se retrouve, en particulier, dans le moteur de MM. **Ferrero** et **Franchetti** (**brevet n° 342 075 du 11 avril 1904**).

Une autre solution est proposée par M. **Valenta da Cruz** (**brevet n° 402 787 du 7 mai 1909**). La distribution est assurée, dans son moteur, par un piston-tiroir solidaire d'un cylindre valve. Le premier servant à l'admission de l'air pur comprimé destiné au balayage, le second formant

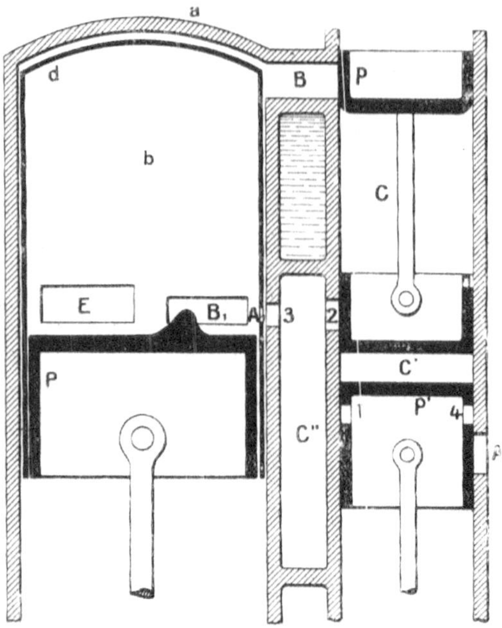

Fig. 85. – Schéma du moteur Valenta da Cruz.

à la fois distributeur et corps de pompe à combustible (fig. 85).

Dans le cylindre moteur se meut une douille en acier *d*, qui forme, dans ce cylindre, une chambre *b* dans laquelle est engagé le piston fixe P. Cette douille commande l'arbre moteur au moyen de bielles non figurées. La partie supérieure de la douille forme le piston de la pompe à air de balayage. Le distributeur de cette pompe, placé sur le côté du cylindre, est commandé par un arbre tournant à même vitesse angulaire que l'arbre moteur. Il comporte un piston-tiroir *p*. À la partie inférieure du cylindre dans lequel ce tiroir se déplace est le piston *p'* de la pompe à mélange gazeux. Ce piston est commandé par le même arbre. La pompe à air de balayage admet, par le canal B, l'air pur, quand le distributeur est dans sa position inférieure ; elle comprime cet air dans le réservoir C, quand le distributeur est de position supérieure et découvre de nouveau le canal B en le faisant communiquer avec le réservoir C.

La pompe à gaz admet par l'orifice A et comprime dans le réservoir C", dès que l'orifice 1 du distributeur est en regard de l'orifice 2.

Dans la douille *d* sont pratiqués les orifices d'admission d'air pur B_1 d'air carburé A_1 et l'orifice d'échappement E qui correspondent à des orifices identiques ménagés dans la paroi du cylindre. Quand la douille est en haut de sa course, ces orifices sont découverts par le piston fixe P (position figurée) et sont en regard des orifices correspondants du cylindre. Lorsque cette douille descend, elle comprime le mélange gazeux. Lorsque l'explosion a lieu, la détente commence à l'intérieur de la douille. Dans la chambre *a* se trouve de l'air pur précédemment aspiré par B, tandis que l'espace *b* se remplit de gaz brûlés. D'autre part, la chambre C' est remplie de gaz frais. Le moteur, continuant à tourner, fait monter la douille en même temps que le distributeur monte à son point mort supérieur et redescend dans la position figurée. Le piston-tiroir *p* fait communiquer, en montant, B et C, de sorte que l'air pur de *a* se trouve légèrement comprimé dans C à la fin de la course de détente de la douille.

En même temps, le piston *p'* est monté et a fait passer le mélange frais dans *c''*, les orifices 1 et 2 étant venus en regard l'un de l'autre. Quand les orifices approchent de la position figurée, dès que E commence à se découvrir, l'échappement commence. Peu après, la lumière B_1 se découvre et l'air pur de balayage, légèrement comprimé, chasse les gaz brûlés restant dans la douille. Enfin, la lumière A_1 se découvre et le mélange gazeux pénètre dans la douille. En continuant, les lumières E, B_1 et A_1 sont fermées, la compression commence dans *b*. Le piston-tiroir, descendant à son point mort inférieur et remontant ensuite, découvre B et le fait communiquer avec l'atmosphère, ce qui permet à l'air extérieur d'être aspiré dans *a*. En même temps, le piston *p'*, descendant à son point mort inférieur pour remonter ensuite, fait communiquer l'orifice 4 avec A, aspire dans C' du mélange gazeux pour le refouler dans le réservoir C''.

C. — Distribution par tiroirs et disques rotatifs

La distribution par tiroir rotatif a séduit quelques inventeurs, à cause de sa simplicité et de la facilité avec laquelle il peut être commandé.

Elle présente, par contre, un certain nombre d'inconvénients : dans les moteurs à plusieurs cylindres, ce tiroir présente une assez grande longueur, ce qui implique une surface frottante considérable. Comme, d'autre part, il est nécessaire d'obtenir une étanchéité parfaite, le jeu doit être aussi faible que possible entre ce tiroir et son logement ; il en résulte que ces pièces s'usent assez rapidement si les conditions dans lesquelles elles sont lubrifiées n'ont pas été particulièrement étudiées.

Ordinairement, ces tiroirs sont constitués par des tubes tournant à l'intérieur de logements cylindriques ; les uns elles autres sont percés de lumières dont la coïncidence permet d'établir les communications désirées. Placés ordinairement dans la canalisation qui réunit la pompe de compression à la chambre d'explosion, ces tiroirs ne sont pas soumis à une haute température et leur graissage peut être opéré dans de bonnes conditions (moteurs **Legros**, « Triphasé », **Carles**).

Dans le moteur **Thomas** (**brevet n° 432 963 du 29 juillet 1911**), le tiroir est constitué par un cylindre plein convenablement échancré, dont le rôle est de doser exactement la quantité de mélange nécessaire à chaque explosion; il tourne à même vitesse angulaire que l'arbre moteur.

Citons également le tiroir du moteur **Pollet** et de **Coquereaumont** (**brevet allemand, cl. 46, n° 241 235 du 13 décembre 1910**).

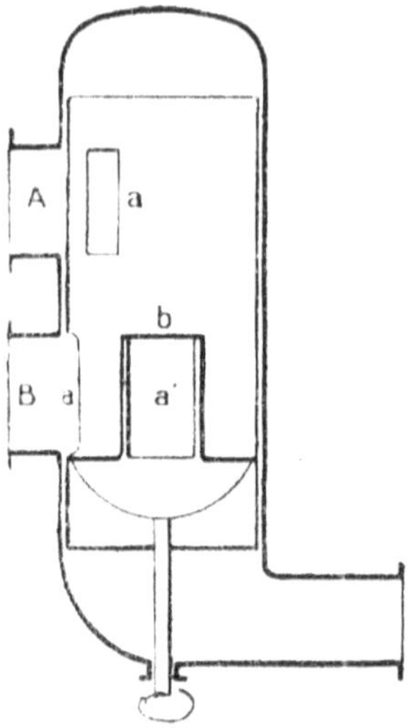

Fig. 86. – Schéma de la distribution du moteur Pollet et de Coquereaumont.

Ce tiroir consiste en un tube cylindrique tournant à l'intérieur d'une capacité cylindrique accolée au cylindre moteur (fig, 86). Les ouvertures *a* du tiroir viennent successivement se présenter devant l'ouverture d'admission A du moteur. Les ouvertures *a'* sont divisées en deux séries par une paroi recourbée *b*, de façon que la partie inférieure de la chambre du tiroir, qui est reliée à la pompe de compression du moteur par la canalisation B, soit alternativement en communication avec la partie inférieure et avec la partie supérieure du tiroir.

Dans le moteur **Chastannet**, où l'alimentation est produite à la partie supérieure des cylindres, le tiroir rotatif est placé directement au-dessus de ces derniers. Comme il est à proximité des chambres d'explosions, il est nécessaire de le refroidir énergiquement, car la dilatation inégale des pièces qui le constituent produirait un grippage très rapide. Ce refroidissement est assuré par un courant d'eau passant dans une canalisation ménagée suivant son axe.

La distribution du moteur **Palmer-Moore**, dans lequel les gaz sont aspirés dans le carter, puis transvasés dans le cylindre, est commandée par trois valves oscillantes.

Un moteur de ce type a été réalisé : il comporte trois cylindres de 100 millimètres d'alésage et 100 millimètres de course et développe environ 18 chevaux.

Examinons maintenant les dispositifs de distribution par disques.

M. **Moynet** a disposé, au-dessus de la culasse du cylindre de son moteur (**brevet n° 430 051 du 23 mai 1911**), un disque horizontal tournant dans un logement et présentant une seule ouverture.

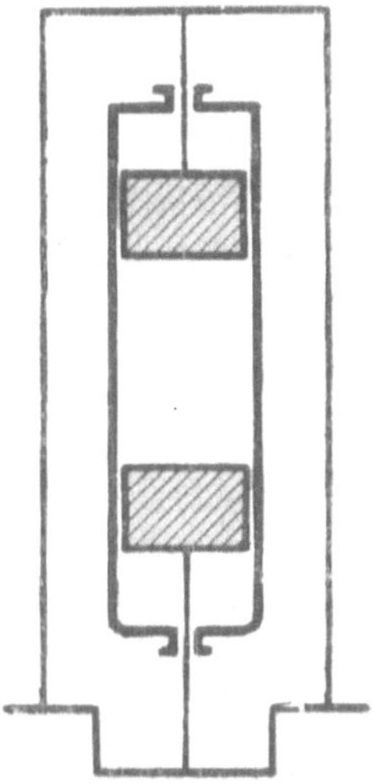

Fig. 87. – Schéma du moteur Dussoudeix et Floran de Villepigue.

Cette ouverture peut venir, pendant la rotation du disque, se placer en regard de la lumière d'admission ou de la lumière d'échappement. Le mouvement donné au disque est tel que la compression et l'explosion se produisent lorsque ce dernier obture les deux lumières et que L'orifice d'échappement est découvert, aussitôt que le piston est à fond de course.

Cette disposition est très critiquable en raison des frottements importants qu'on ne peut éviter, de réchauffement et des pressions considérables auxquels le disque est soumis et de la difficulté qu'on doit éprouver à lubrifier convenablement un tel organe.

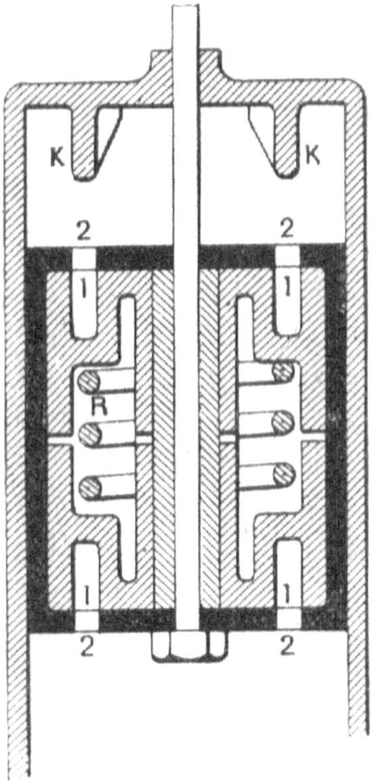

Fig. 88. – Schéma de la distribution Dussoudeix et Floran de Villepigue.

Dans le moteur **Heuer** et **Bruhn** (**brevet n° 433 308 du 5 août 1911**), on retrouve un disque rotatif percé de lumières, mais il est destiné à régler l'admission dans le carter. Il est calé sur l'arbre moteur. Les auteurs prévoient même un organe du réglage, commandé par la force centrifuge, dont le but est de faire varier la grandeur de cette ouverture.

Une sorte de tiroir, qu'on peut comparer aux tiroirs rotatifs, se trouve dans le moteur **Dussoudeix** et **Floran de Villepigue** (**brevet n° 401 502 du 1er avril 1909**). Deux pistons se déplacent dans le cylindre ainsi qu'on peut le voir sur la figure 87. Ces pistons sont reliés par des bielles au même arbre moteur. L'un des pistons (fig. 88) comporte intérieurement un tiroir rotatif constitué par deux pièces annulaires, appliquées contre les parois du piston par un ressort R, et réunies par un assemblage à embrèvement. Ces deux pièces sont solidaires pendant la rotation, mais peuvent s'écarter légèrement de leur axe vertical ; les ouvertures (1) peuvent venir en regard de celles (2) du piston. La commande de ce tiroir est effectuée par des coins K à rampe hélicoïdale : lorsque ces coins pénètrent dans les ouvertures 2, ils font tourner d'un petit angle le tiroir, les ouvertures de ce tiroir viennent en regard de celles du piston, puis dépassent cette position, si bien que la pénétration des coins provoque d'abord l'ouverture, puis la fermeture de la chambre interne du piston. Il est à remarquer qu'aucun dispositif de refroidissement de ces pièces n'a été prévu, bien que cet ensemble soit destiné à supporter une température élevée.

D. — Distribution par soupapes.

Quelques inventeurs ont conservé la distribution par soupape dans le moteur à deux temps : la soupape est alors placée sur le côté du cylindre. Ce dispositif est admissible, mais il faut alors donner à cette soupape une grande section d'ouverture, une grande course et même produire une prolongation de l'arrivée du mélange gazeux, alors même que les ouvertures d'échappement sont fermées.

Par cette dernière précaution, on éloigne le début de la compression du point mort correspondant à l'échappement des gaz brûlés; cela a, cependant, moins d'inconvénients dans les moteurs à deux temps que dans les moteurs à quatre temps. En effet, dans ces derniers, il existe, dans le cylindre, une dépression pendant l'aspiration, dépression qui est négligeable dans les moteurs à deux temps (celle qui existe provient de la détente des gaz brûlés au moment de l'ouverture des orifices d'échappement).

Dans ces conditions, le seul inconvénient que la soupape puisse apporter est de ne pas produire une colonne gazeuse continue et, par conséquent, de favoriser le mélange des gaz frais aux gaz brûlés.

Nous avons vu que le moteur Anzani possédait une soupape d'admission commandée et une soupape d'échappement automatique à chaque cylindre, tandis que la soupape d'admission était automatique et la soupape d'échappement commandée dans le moteur Collins.

Dispositions spéciales.

VARIATION DES OUVERTURES D'ADMISSION ET D'ÉCHAPPEMENT.

M. **Denison** s'est proposé de faire varier les ouvertures d'admission et d'échappement, de manière que la quantité de gaz frais admise et celle de gaz brûlés évacuée soient les mêmes à toutes les vitesses angulaires du moteur (**brevet n° 412 034 du 29 janvier 1910**). En effet, lorsque la vitesse angulaire d'un moteur augmente, la vitesse linéaire du piston, considérée entre les deux points extrêmes des lumières d'admission et d'échappement, devient telle que le temps d'ouverture de ces lumières peut n'être plus suffisant pour permettre un bon remplissage de la cylindrée et une bonne évacuation.

Cet inventeur fait donc varier simultanément les ouvertures effectives des deux lumières et peut, par conséquent, obtenir les variations de puissance de son moteur par le même procédé.

RÉGULATION DE L'ADMISSION PAR L'ÉCHAPPEMENT.

Certains inventeurs entrevoient la possibilité de produire, dans le cylindre, une diminution de la pression des gaz brûlés, aussitôt l'ouverture de l'orifice d'échappement, en injectant de l'eau dans la tuyauterie d'échappement. Ils espèrent ainsi provoquer, dans l'intérieur du cylindre, une dépression suffisante pour faciliter l'introduction des gaz frais et, de ce fait, économiser une partie du travail de compression préalable.

M. **Heisig** (**brevet n° 362 878 du 31 janvier 1906**) espère ainsi produire une résistance à l'échappement constante, quelle que soit la charge du moteur. Cette résistance à l'échappement doit être vaincue, non par le piston, mais par les gaz frais ; elle influence donc le courant intérieur de gaz frais, de sorte que celui-ci varie avec la charge ; il en résulte soit une évacuation incomplète, soit un entraînement de gaz frais par l'échappement.

Pour maintenir constante cette résistance à l'échappement, M. Heisig introduit, dans la canalisation d'échappement, un dispositif d'étranglement quelconque : tiroir, clapet, papillon, etc., ou bien il entoure la canalisation d'échappement d'une chemise de circulation d'eau dans laquelle il fait varier le débit.

Table des Matières

Chapitre I - Considérations générales

Partie II - Réalisation du moteur à deux temps

Chapitre I - Dispositifs d'alimentation

Chapitre II - Évacuation des gaz brûlés

Chapitre III - Dispositifs de distribution

moteurs

www.decoopman.com

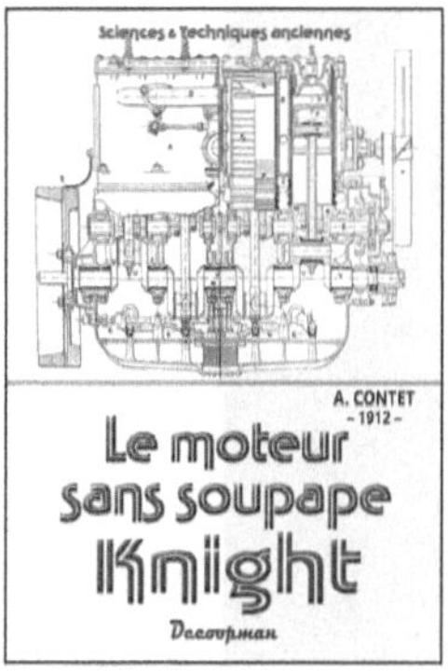

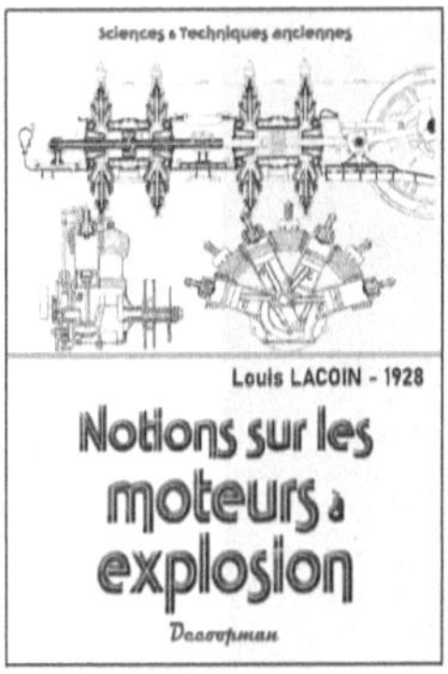

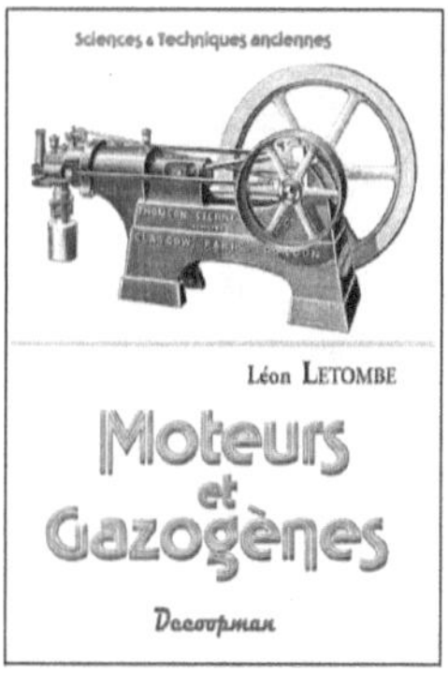

Éditions Decoopman - Ferrières - 30440 Saint-Laurent-le-Minier
Tel : +33 (0) 4.67.73.90.95 - web : www.decoopman.com - e.mail : livres@decoopman.com

www.ingramcontent.com/pod-product-compliance
Lightning Source LLC
LaVergne TN
LVHW090432061026
849522LV00002B/605

* 9 7 8 2 3 6 9 6 5 1 8 4 0 *